暗記のすごいコツ

场景记忆法

[日] 碓井孝介 著
张蓉 译

民主与建设出版社
·北京·

图书在版编目（CIP）数据

场景记忆法 /（日）碓井孝介著；张蓉译 . -- 北京：
民主与建设出版社，2020.6
ISBN 978-7-5139-3035-2

Ⅰ . ①场… Ⅱ . ①碓… ②张… Ⅲ . ①记忆术 Ⅳ .
① B842.3

中国版本图书馆 CIP 数据核字 (2020) 第 078506 号

场景记忆法
CHANGJING JIYIFA

著　　者	[日] 碓井孝介
译　　者	张　蓉
责任编辑	程　旭　周　艺
封面设计	柒拾叁号工作室
出版发行	民主与建设出版社有限责任公司
电　　话	（010）59417747　59419778
社　　址	北京市海淀区西三环中路 10 号望海楼 E 座 7 层
邮　　编	100142
印　　刷	唐山富达印务有限公司
版　　次	2020 年 7 月第 1 版
印　　次	2020 年 7 月第 1 次印刷
开　　本	880 毫米 ×1230 毫米　1/32
印　　张	6.5 印张
字　　数	100 千字
书　　号	ISBN 978-7-5139-3035-2
定　　价	35.00 元

注：如有印、装质量问题，请与出版社联系

前言

用图解法传授高效记忆法

“学习重在理解”的误解

首先，我们要明确一下。

学习中，记忆胜于理解。记忆是最重要的。

只要能够记下来就容易理解。

为了防止引起误解，我想做一些补充说明。所谓学习是指将知识输入自己的大脑，以便可以有效地利用自己所储备的知识，进而达到最终的学习目标。

学习目标不仅仅是指考试合格，还指工作中所需专业能力的提升。如电脑操作技巧、英语会话水平等能力的提升，这些能力的提升都在于学习，而能力提升即体现了我们的学习目标。

在这样的学习中，最重要的就是记忆。

原本就是这个道理嘛。连知识都没有的话，根本就无法到达活用知识的阶段。导入知识并活用这些知识即为学习，首先需要导入，也就是必须全力以赴去记忆。

问题是该怎样去记忆呢?

本书是专门为因记不住而正在发愁的你传授记忆秘诀的。

传授记忆方法是相当困难的

世上有所谓聪明的人和记忆力好的人，那么，他们是如何记忆的呢？他们会重点关注文章的哪个部分，在脑袋里又是如何整理这些信息的呢?

本书将对这些疑问进行回答。只要你读了这本书，你也会擅长快速记忆。因为在本书中，我将为大家介绍可以即学即用的、极易彻底理解的记忆秘诀。

极易理解的原因在于我将记忆的方法用图解的方式来传授给大家，这样可以使思考方式可视化。

那么，为什么只能选择图解这一形式呢？为什么不采用图解就行不通呢?

我自己之前也曾出版过好几本有关记忆秘诀的书，无论哪一本书介绍的都是基于我自己的考试经历（大学入学考试、在大学读书期间通过的司法代书人考试、仅学习了1年零4个月而一次性通过的注册会计师考试）的实用性记忆秘诀。

在以书的方式传授记忆秘诀的过程中，我发现了一些问题。记忆是一项脑力劳动，对真正不擅长记忆的人来说，用文章的方式来讲解记忆的秘诀有很大的局限性。如果用文章表述，在某些情况下，读者很难将记忆技巧引入自己的学习中。

正如过去所印证的那样，不管我怎样讲解实用性记忆秘诀，往往发现根本都没有传达给对方。在与学习记忆法的人的交谈中，我有时候会感到深深地不满意："明明我想让你记住的是在这种情况下应该使用那一种记忆法的嘛！"这种情况发生过不止一次两次了。我当资格考试学校的老师已经很多年了，一直在从事入学考试的指导工作，但即便是面对先读了我写的书，再来听课的学生们，也总感觉并没有将记忆法准确地传达给他们。

可能学习一种方法与将学到的方法应用到实际的学习中的难度是完全不同的吧。回想以前，自己也未必能够将从书中读到、学到的技巧和方法等全部应用于自己的生活之中。哎呀，实践真的是相当困难啊！

利用图解，则会变得切实可行

怎么才能更好地传授记忆的秘诀，并做到切实可行呢？于是，这一点成为我专注研究的课题。我强烈地体会到不仅要传授有效的技巧，还要将这些技巧落到实处。当原本不擅长记忆的人也能很好地实践这一方法时，传授才会变得有意义。

经过多年的摸索，孜孜不倦地探求，我终于找到了答案，那就是“将思考的过程进行图解化处理”。只要通过图解的方式，使思考过程可视化，记忆这种原本无法捕捉得到的脑力劳动，就会变得让人容易理解。

因此，本书对大脑中的东西进行了彻底的可视化加工处理，对无法用文字表达的大脑中信息的整理方法、便于记忆的视角转移之法等进行说明，达到可以一目了然的程度。

这些记忆技巧都是非常重要的，可以从一个小节中掌握一种记忆技巧。一个小节只需几分钟即可读完，这些均为具有立竿见影效果的内容。

一直以来使用记忆技巧书、学习技巧书进行学习而始终无法出成效的人，也请你放心地读下去。只要一个一个小节地阅读下去，我可以保证这些记忆方法将会成为你自己的可用之物。

为了达到目标，我们一起努力吧！

2017 年 11 月

碓井孝介

| 目录 | CONTENTS

第 1 章

聪明人在无意识中进行学习的可视化

第 2 章

从文章中记忆信息是最基本的记忆学习方法

第 3 章

聪明人的记忆是从整理信息开始的

第 4 章

不厌其烦地重复，这是聪明人的记忆方法

第 5 章

通过考试的记忆技巧

第 6章

选取重要信息，进行高效记忆的技巧

第1章

聪明人在无意识中进行学习的可视化

Lesson1 记忆技巧的实质

学习中的烦恼 = 记不住

当你把这本书拿在手里的时候，一定是正在准备学习某一内容的吧？或者已经开始学习了。学习，不仅仅是指为了所谓的入学考试及取得资格证等而进行的学习，也包含为了提高工作技能而读书、查资料等。

学习中包含的意义是相当宽泛的。

学习的概念如此宽泛，但无论是哪一种学习，都有一堵大而厚的、难以逾越的墙壁阻挡在学习者的面前。是的，那就是记不住的烦恼。

学习是以记忆为中心的。的确，将记忆下来的知识输出才可以体现出它的价值，但是如果记不住，那么输出的阶段是无法到达的。此外，也有只通过记忆即可以实现的目标，因此，记忆是学习的起点，进而成了学习的中心。

最难的是记忆本身。只要能够记下来，则学习的任务就算完成了大半。然而，因为怎么也记不住，不得不放弃学习的大有人在。

即便是我，也曾和你一样为记忆而烦恼过。虽然我通过了各种各样的考试，但是在参加司法代书人的考试时，记忆成了最大的问题。现在想起来都觉得可怕，当时我把考试学习所需要的教材纵向排列，其高度竟然快达到了我的身高！那个不得不全身心投入记忆的时期，在那次考试之前我不曾有过，而且在那次考试之后也再没有过了。

不擅长学习的人与擅长学习的人看待信息的角度不同

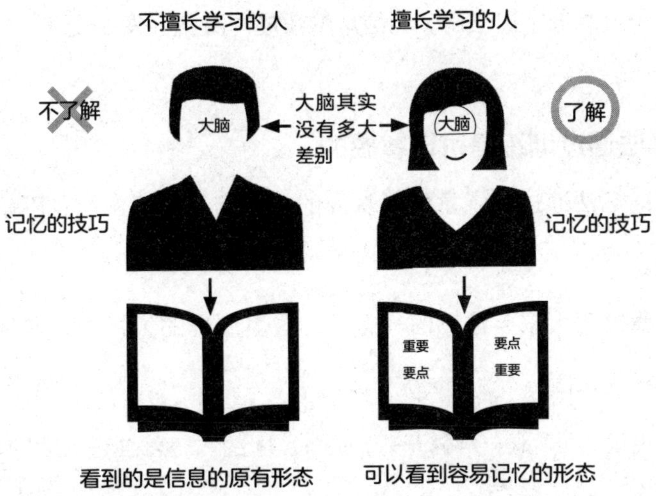

记忆高手的记忆方法是指什么

世上有擅长记忆的人。他们是非常擅长学习的、无论什么都可以装入大脑的优等生。

但我要先讲明白的一点是，他们并非大脑特别聪明的人。其中当然也有 IQ 为 120 或 130 那样的真正大脑聪明的、大脑结构与众不同之人，然而，几乎所有的优等生的大脑却出人意料地普通。那么，究竟是哪里存在差别呢？

是的，那就是是否知晓记忆技巧，也就是记忆法。他们非常擅长将难以记住的信息巧妙地输入大脑中，然后再进行输出。

也可以叫作记忆高手的他们，如果想把书中的一页文字全部都记下来，会进行图表化记忆。

一旦掌握了记忆法，看信息的角度本身就会发生变化。

记忆法通过训练是可以掌握的

记忆法通过训练是可以掌握的。这已经是确凿的、不争的事实。

我提醒大家要注意的一点是，这里所说的记忆法并非像魔法那样的东西。

仅仅“啪”地一声翻开书，所有页面的内容就会进入大脑里，而且记下来的内容经过几年、几十年都绝对不会忘记，这样的“魔法”并不是我一而再再而三地提到的记忆法。

我所说的记忆法是指打开教科书时，应该从哪里开始阅读；怎样才能将文章中的 2~3 行文字记入大脑，并在考场上发挥出来，得到应得的分数：怎样设定重复学习的频率才容易将记忆固定下来。记忆法是脚踏实地的技巧，而不是“空战”（即便你想要个空战，我也是做不来的）。

这样的记忆方法，通过训练是一定可以掌握的。

对之前一直没有意识到记忆方法的人来说，现在正是一个特殊的机会。从未在记忆法上找到过窍门的你，一直坚持学习（虽然这样说也许会存在语病）到现在，因此一旦了解记忆方法，只要在日常的学习中反复训练，即使学习量相同，学习效率也会比以前提高好几倍。

总而言之，在本书中，希望你先学会各种各样的记忆技巧。

阅读了这本书后，你会发现高效率记忆法是存在的。因为只要你记住了恰当的方法，之前记不住的信息也可以轻松搞定，真的是令人难以置信。

最重要的是要踏出第一步。掌握了记忆方法后，通过有意义的学习，向着目标奋勇前进吧！

本书中介绍的记忆方法（示例）

记忆法是指通过训练，任何人都一定能够掌握的技巧

首先寻找结论

用自己的语言凝缩成为 1 行

日本《**道路交通法**》**第 12 条第 2 项：**

行人在十字路口不准斜穿马路，
除了设有道路交通标志等，
显示可以斜穿马路的情况以外。

↓

“原则上斜穿马路是不准许的！”←凝缩为 1 行

在大脑内即时重复

联想游戏记忆法

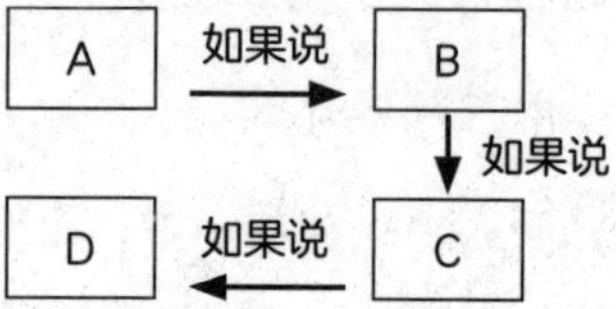

用恰当的方法去记忆，会一下子缩短通往目标的路程

Lesson2 与传统学习法、记忆法的区别

泛滥成灾的学习法、记忆法

尽管均为通过训练可以掌握的记忆方法，但我必须要提到的一点是甄选。

目前，学习法、记忆法泛滥成灾。书店里有“学习方法角”，杂志的广告栏里充斥着大力宣传快速提高成绩的可疑教材。

在阅读本书之前，你也许已经尝试过不止一种学习法、记忆法吧！即便是我，之前也常常是“为了学习而学习”。

那么，最后的成效如何呢？

凭借这些，你实现了自己的学习目标了吗？或许并没有达到目标吧！

“不擅长学习之人”的视角非常重要

在介绍学习法、记忆法的书（教材）中，缺少针对不擅长

学习之人的方法。

介绍关于学习及记忆技巧的作者，几乎均为原本就擅长学习的优等生。

然而，这正是其漏洞所在。原本是优等生的人介绍的学习技巧，无法保证可以成为改变你现状的工具。莫若说，那样的技巧大多为“因为是优等生才可以做到的技巧”，对不擅长学习的人来说，帮助却不大，这种情况确实太多了。

这是因为其中漏掉了“不擅长学习之人的视角”。如果学习出色的人站在自己的角度介绍学习技巧，则这种学习法很难再现（说一句题外话，我自己也曾试过“盯着书页看 3 秒，目光离开之后，只要重复 3 次即可记下来”的天才之人的学习方法，但实在是做不到）。

需要不擅长学习之人的视角在于介绍学习法与记忆法的书（教材）的目的是将读者的不擅长变为擅长，因为读者正处于不擅长的阶段中。

在学习过程中，深感学起来非常困难的人，是哪里出问题了呢？把什么地方怎样改变一下，更会出效果呢？如果不以此为依据，则无法将记忆法传授给读者。

本书针对“不擅长学习之人”在记忆时没有意识到的东西，

将应当做的步骤用语言表达出来，并浅显易懂地加以说明。这是因为我自己也是不擅长学习的人，所以才能做到这一步。

不可参考天才的学习法、记忆法

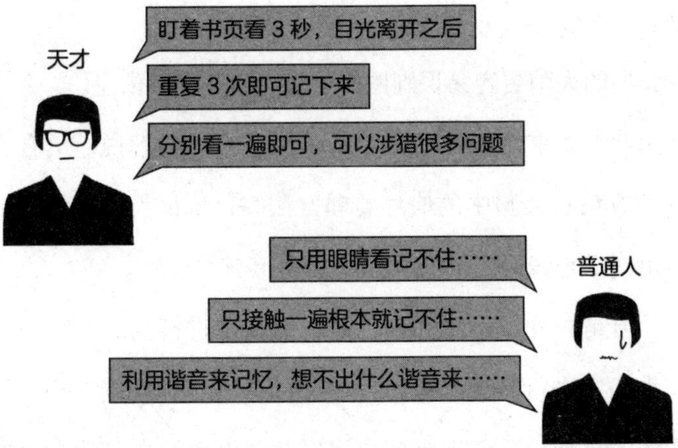

只靠文字难以达到详尽的表达

把应该做的步骤转化为语言来进行说明……确实是非常重要的，然而，仅仅用语言来表述，对不擅长学习的人来说，并不能说是最好的书。为什么呢？转化为语言是把技巧用文字信息来传达。

介绍学习法与记忆法的书大部分（或者说，几乎全部）都不是图像，全部是文字信息，因而无法直观地进行表达。

换一句话来说，图像信息给人留下的印象自然比文字信息更为深刻。当人们回忆什么事情的时候，首先在大脑中浮现出来的当然是图像，而非文字。此外，人们往往会记不起某个人的名字，但却记得那个人长什么样子，这也是此类现象的真实反映。

我们的大脑更容易识别图像信息，而非文字信息。

因此，本书将记忆的方法基于图解来进行解说。结合人眼的移动方法及大脑中的信息整理方法等，尽最大的可能将记忆技巧用图像来表达，简明易懂，以提高其再现性。

学习是一种智慧型工作，是在大脑中进行的。正因为学习是在大脑中进行的工作，不可捕捉，所以要想掌握它是一件相当困难的事情。更何况是使自己以外的人教给自己的学习方法在大脑中重现，实非容易。

考虑到容易重现的事物并非文字信息，而制作成图像来介绍记忆法无疑是明智之举。这就是我做出的判断。

而迄今为止将记忆方法转化为简明易懂的图像的书，恐怕是前所未有的，这是第一本书吧。书中载有丰富多样的图表，这些记忆法可以马上用于实践中去，我坚信这一点。

图像给人留下的印象更加深刻

我们的头脑中，更容易识别图像信息，而非文字信息

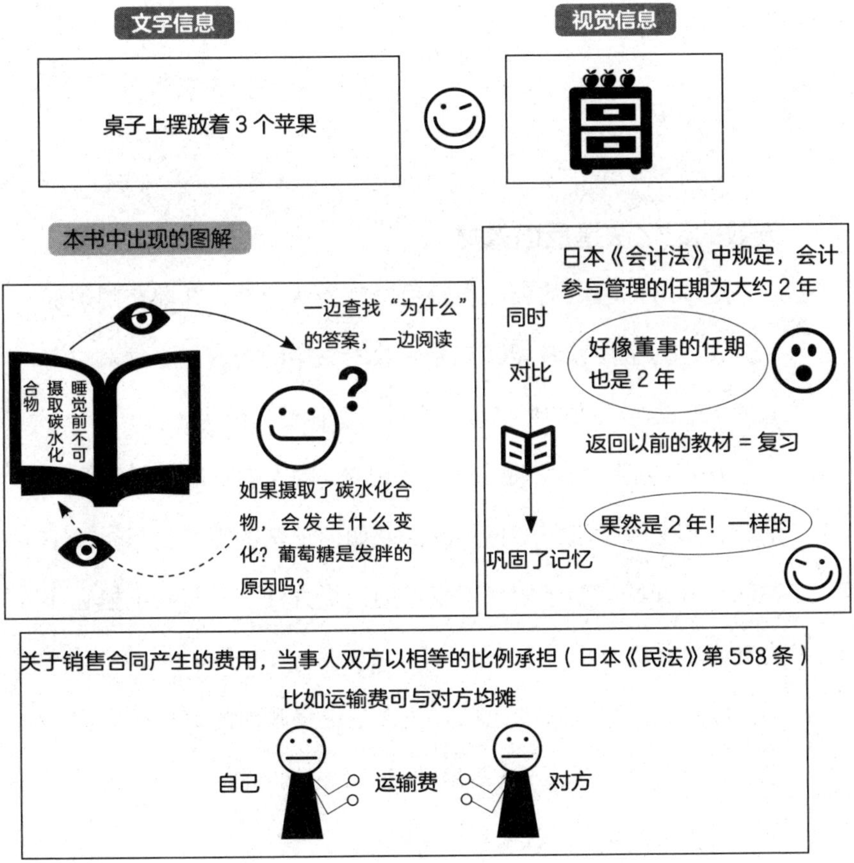

Lesson3　有效的记忆法与无效的记忆法

无效的记忆法是反面教材

这本书把应做的记忆步骤用语言表达出来，并配有图解加以解说，为了使读者能够充分吸收本书中的内容，必须对“有效的记忆法与无效的记忆法”进行简明扼要的说明。

方才我提到了“不擅长学习（记忆）的人的视角相当重要”，那么，不擅长学习（记忆）的人是如何记忆的呢？我想做一下说明。一开始就要了解“不可行的记忆方法”，并希望把它作为反面教材。

应作为反面教材的记忆方法，是指将眼前的信息照原样记忆、不会重复记忆、不会凝缩性记忆的记忆方法。

接下来，我们一起来看一下吧！

无效记忆法的三个特征

第一个特征是，想将眼前的信息照原样全部记住。

眼前的信息并不是为了记忆用的信息，从信息的发送方来看，只是“为了说明用的信息”而已。

如果此言非假，这样的信息自然是很难进入大脑中的。既然只是为了说明用的信息，为了求得阅读者的理解，信息发送方会使用很多修饰语，甚至有时候会加入大量的比喻和事例。这样，信息就会很长。

在学习记忆法之前，“信息量太大了，怎么也记不住”，这是谁都认同的事实吧？不擅长记忆的人所存在的问题是，努力想将原本无法记忆的东西记下来。因此，需要在记忆方法上动动脑筋。

第二个特征，是采用不反复记忆的学习方式。明明在反复接触信息的过程中，记忆会得到强化，不擅长记忆的人却根本不在反复接触信息上努力。

第三个特征是，没有对准想要记忆的信息，且不会凝缩记忆信息。

每个人都想将信息全部完整地记下来，但在信息量过大的情况下，记不住也在情理之中。

也许有人会提出相反的说法“我并没有想要全部记下来呀！”然而，翻开书，只要你不是明确“这一页中我要记住的是第 3 行！”那么，就相当于要记忆全部的信息。

不擅长记忆的人最容易采取的记忆方法

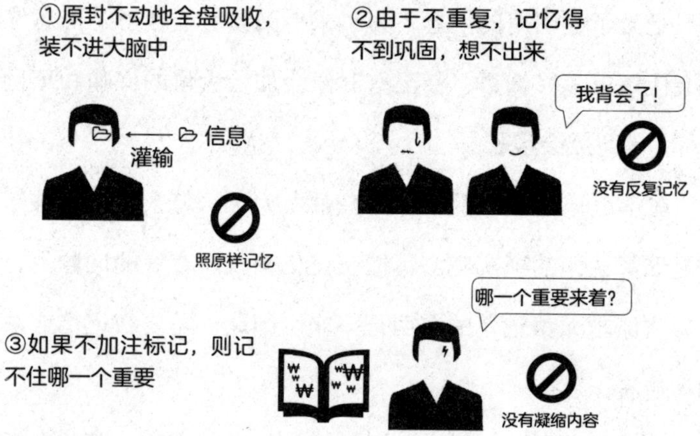

记忆达人是怎样记忆的呢?

擅长记忆的人，他们采用与我们看到的“不可行的记忆方法”完全相反的方式学习。这里我给大家介绍一下。

记忆达人首先是筛选他们要彻底记忆的信息，并凝缩其内容。他们深知将全部信息都记下来是不可能的，所以只要在有限的时间内，能够确保记忆可达成目标的知识量即已足够。

其次，他们将说明问题的信息转换成专为记忆的信息，这称为处理信息。

比如，即使是一见之下看似毫无关联的信息，擅长记忆的人也会设法从中总结出一些相似信息，并把它们转化为容易记忆的信息。他们在平日里会常常开动脑筋，思考如何转换信息更便于记忆的问题。

擅长记忆的人，不仅擅长转换信息，而且为了加深记忆，他们会不厌其烦地反复进行记忆。

对于想要记住的信息，须努力多次不胜其烦地去接触。此外，即使在平常的学习中，也要设法持续增加接触这些信息的次数。

一定也会有极个别只看一遍即可记住的人，请将他们当作大脑结构与众不同之人。

只要是普通优秀之人（其表述或许不好理解），他们都会明白，如果不多次重复，即无法全部记忆，所以在实际的学习中非常努力。

也可以说是记忆达人的优等生，几乎是在无意识中做着这些事情。正因为是在无意识中进行的，所以他们说不清楚自己的记忆方法。本书会将“记忆达人在无意识中所做的事情”，通过图解的形式，浅显易懂并且仔细地加以解说。

你必定会想“如果是这样的话，我也可以做到”。

擅长记忆之人的记忆方法

①凝缩——对准备记忆的信息进行彻底的严格筛选

②变换——将信息的样式、形态转换为便于记忆的东西

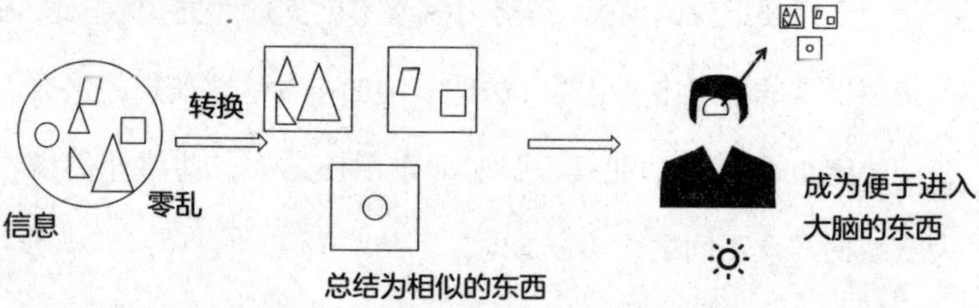

③重复——尽可能增加接触信息的次数

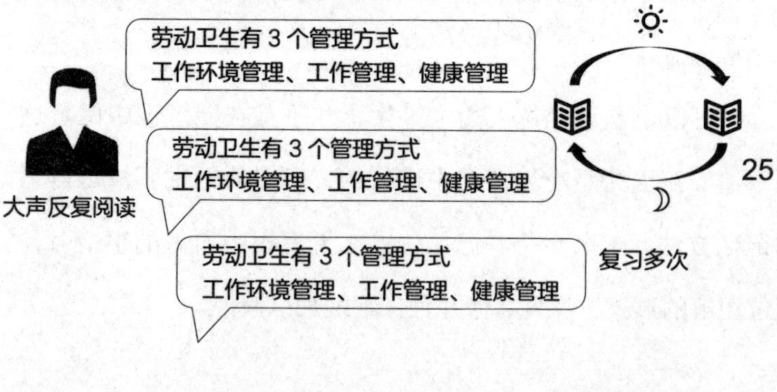

Lesson4　为了不使记忆法成为纸上谈兵的空洞理论

尽管关于学习及记忆的书已经阅读过好几本……

到现在为止，尽管关于介绍学习及记忆技巧的书已经阅读过几本了，但是学习状态并未转好……这本书会不会也和这类书的效果一样呢？抱着这种想法的人依然会有的吧。

迄今为止我也做过大量为学习而学习的事，但也并不全部都是有效的。即使采用的是同样的学习方法，也是有的人有成效，有的人没有成效。既然要花一样的时间，当然是有效果为佳。

采用同样的学习方法为什么有的人会没有效果呢？为了产生效果，书阅读完毕后该怎么做才好呢？在第一章的最后，我们再一起思考这个问题。

将熟记法与自己的记忆法进行比较

如果你想学习熟记法，则需要将熟记法与自己的记忆法进行比较。这种被认为合理的技巧究竟在哪些地方体现出其合理性呢？与熟记法相比，自己的学习方法在什么地方存在差异呢？如果不加以比较，则很难明白。任何事情都要经过比较，而后才能明确其中的道理所在。

本书中，从现在开始，我会为大家介绍许多熟记法，哪个地方与自己的记忆方法不同，请在不断思考的同时，往下阅读。

读书只可一人进行，无论采取什么方式，也极易陷于被动之中。然而，为了能够享有100%的阅读效果，需要主观能动的阅读态度。让你的大脑全速运转，边思考边翻页。

“如果是这个场景……”瞬间找到办法

本书中介绍的记忆方法，没有一种方法是在任何一种场景中均能够使用的万能记忆法。

将两行或三行的文字照原样记忆的场景中使用的记忆技巧，与标记有“√”“×”问题对策的场景中可以发挥威力的记忆方法相比，二者带来的效果自然是有着天壤之别的。

假设“如果是○○，自己会这样去记忆！”请瞬间找到记忆方法后，继续往下阅读。将本书中的熟记法与自己的记忆方法进行比较。如果不清楚自己的记忆方法，则捕捉不到“本书的熟记法与自己的记忆方法之间的差异所在”，那么，就不会明白自己应该纠正的地方了。

先复习熟记法，再付诸实践！

一旦明白了熟记法与自己的记忆法之间的差异，下面就轮到将熟记法付诸实践了。所有的熟记法与你自己的目标（考试等）并不一定相吻合。即使是几种方法也可以，把它们用于自己的学习中！希望你以这样的思想准备，寻找出适合自己的学习方法，然后坐在书桌前努力用功。

在尝试熟记法时，首先要在复习的场景中进行实践。已经学过的内容，因为已将多半内容装入了大脑，即使在尝试新的记忆方法时，也都毫无压力。

使用熟记法去学习新内容，也许会多费一些时间。

不过，即使多费一些时间也是可行的。可以利用这些时间去想一想怎样才能达到熟记的程度，在大脑中去确认这些规则。

将记忆法变为自己的东西

最重要的是，将本书中介绍的记忆法变为专为你自己量身定制的东西。

我反复提到过，根据作为你目标的考试及学习内容的不同，本书中所介绍的记忆法可能并不是万全之策。以通过资格考试为目标的人，与为了在商务工作中记忆企划案内容的人，其学习的内容大相径庭。你可以根据你的不同目标，将它们整理成可以领会的记忆法则。

正因为如此，希望以本书的记忆法为平台，打造一个适合你自己使用的记忆法。

一切事物都是从将已有之物作为参考而开始的，即使是记忆的方法也不例外。以本书的记忆法为基础，创建出与你自己相符的方法是最佳的。那么，我从下一章开始，会教给你具体的记忆法。

记忆法的实践流程

①比较记忆法

比较

本书的做法

自己的做法

②在复习的场景中，尝试采用该记忆法

头文字记忆法
摘要式复习法
联想游戏记忆法

③定制记忆法

定制记忆法

记忆法 1+ 记忆法 2

↓组合

组合成为适合自己的记忆法！

独创记忆法

记忆法 1

↓整理

衍生出独创记忆法！

专栏一：如果不去实践，则毫无意义！

本书是介绍有效且高效记忆法的书，只要正确而熟练掌握了记载于此的记忆法，学习效果就会得到显著地提升。许多考生学了这些记忆法之后，远远突破了自己制订的目标即为其证明。

不过，为了提高学习效果，我想和大家做一个约定。那就是，将本书中介绍的记忆法，在你的日常学习中进行实际尝试。并不只是阅读这本书即得到满足，需要在你学习之时，将本书放置于教科书等书之侧，希望你能够有意识地去选择某一种记忆法，并尝试去实践它。

如果不将记忆法用于实践中，那么你只会成为一名学习法、记忆法的粉丝而已。这样的话，是无法从记忆法中获益的，学习效果自然也不会得到提升。即使是懂得学习法、记忆法，也只是纸上谈兵而已，光说不练是粉丝具有的特征。

你绝不能沦为学习法、记忆法的粉丝。充分利用有效且高效的记忆法，才有价值。

不沦为粉丝的方法极其简单，只要将在本书中学到的记忆法运用到日常的学习中即可。要常常思考有没有可以用到记忆法的地方，一旦发现，即将记忆法应用于实际中。无论任何事情，不实践则毫无意义可言，即使是学习法、记忆法也是如此。

第2章

从文章中记忆信息是最基本的记忆学习方法

Lesson1 一篇文章要先看其大致框架，然后再阅读详细内容

哪些是可以记下来的?

在这一课里，我会给大家讲解在阅读教科书等书中的文章时，一种行之有效的“以记忆为目的的阅读方法”。

在我真正进入记忆方法的讲解之前，我有一个问题想问你。在下列信息中，你认为最容易记忆的是哪一个?

① 桃太郎身上穿的是无袖外罩。

桃太郎第一个遇到的仆从是狗。

② 雅典娜所拥有的盾牌是宙斯盾。

雅典娜放飞的是猫头鹰。

最容易记忆的必然是①。与希腊神话中的雅典娜比较起来，有很多人都认为容易记忆的是桃太郎，当然啦，不只是你一个人。

只要明白了大致的框架，详细内容记忆起来也就比较容易了

桃太郎比较容易记忆，原因在于你已然了解了关于桃太郎的故事情节，也就是说掌握了故事的框架。只要掌握了故事的大概，详细的知识内容就很容易进入大脑中了。

了解故事的大致意思，能够对记忆起到帮助作用，其中是有一定的缘故的。

因为现在想要记忆下来的信息，会与之前已经在大脑中留有印象的大体的知识联系起来，起到强化记忆的效果。比如桃太郎的故事，你一定会想象出穿着无袖外罩的桃太郎的形象吧。“桃太郎是穿着和服的，原来那个是无袖外罩啊”，你马上就会记住了。

像这样与大致框架相联系的方法是为了防止知识的孤立。将要记忆的信息与你之前所掌握的这一方面的知识联系起来，达到强化记忆的目的。

捕捉文章大致框架的方法

要点、梗概、粗体字标题
- 写在一个项目的开始与结尾部分、一篇文章的结束部分的时候比较多
- 有时候会作为“要点”“小结”来介绍

掌握了大致框架之后，将详细的知识吸收进大脑！

捕捉大框架的方法

这一方法在学习时也同样适用。如果有要记忆的信息，首先应捕捉其大致的框架，然后将详细知识与大框架联系起来进行记忆。

因此，在学习陌生领域的知识时，要事先掌握大概的知识，详细知识的学习则是第二步。

当一打开教科书时，有的人从第一行开始，按照顺序一点点进行阅读，而我不向大家推荐这一方法。因为从第一行开始阅读，是一种先从详细知识开始学习的行为。

为了捕捉大的框架，首先要关注学习单元的“梗概、要点”，那就从这里开始阅读吧。

即便是没有梗概、要点，也要先看一看现在要学习单元的标题与书页内的粗体字。仅凭此举，也可以起到对要学习的内容先摸摸底的作用。

目录、年表、小结都是信息的大框架

为明了文章的大框架，希望有除了标题及粗体字以外的有用的信息。只要可以成为所陈述内容的提示，无论什么都可以充分利用。

首先是书中的目录。通过阅读目录，即可以推测书中内容的展开。

比如，假定学习的是《公司法》中“董事的权限”这一单元。一看目录，下一个单元如果是“监事的权限”，在学习“董事的权限”时，你会明白了解董事与监事的差别非常重要，意识到这一点对学习很有帮助。

言归正传，阅读目录还可以把握单元的重要度。例如“董事的权限”有 10 页之多，如果“监事的权限”只有 5 页，则你会明白“董事的权限”这一单元很重要，可以将精力集中于此单元进行学习。

我们返回到把握大框架的话题上来，书中若有年表，则它也是属于大框架范畴的知识。

年表是指“什么时间、发生过什么事情”，它是按照时间序列汇总而来的，因此，可以说年表正是大框架的知识本身。如果有年表，要先过目。

如果是考试教材，每个单元都会有重要事项汇总，这也是属于大框架的知识。因为即便是分条列举，也不外乎是对全部项目的归纳而已。即使没有“重要事项汇总”如此醒目的标题，也会有“单元要点”之类的内容。

总而言之，要养成按照大框架→细节的顺序把握信息的习惯。连同细微部分的知识一下子全部记下来是不可能的，所以为了便于记忆细微部分的知识，必须从先记忆大框架知识开始。

为了把握大框架而可以充分利用的项目

为了清楚大框架而可作为提示的项目	此处是要点！
标题	·翻开书页，先只浏览标题 ·一边推测现在要开始学习的内容，一边浏览
粗体字	·如果标为粗体字的部分有固有名词，则是需要照原样记忆的词语的可能性极高 ·一边推测现在要开始学习的内容，一边浏览
目录	·一边推测话题内容的展开，一边浏览 ·哪个部分所占页数的比重大，则重点关注
年表	·一边推测话题内容的展开，一边浏览 ·阅读时，要留意“什么时间”“谁”“做什么”“为什么”的部分
重要事项汇总	·每单元或章中如果有“总结”部分，则要首先看“总结”，可以据此而推测出从现在起要学习的内容

按照大框架→细节的顺序记忆，是记忆的捷径！

Lesson2　翻开书，要首先寻找结论

阅读顺序是结论→内容→结论

你想记忆的信息是什么？

如果是应试学习，则要阅读教材；如果是出于兴趣，则会读自己喜欢的书。不论哪种，学习都是以阅读为中心的。

那么，在书中想记住的信息究竟是什么样的信息呢？

恐怕并非要把文章中所写的内容全部记下来吧。

需要记忆的是文章的核心部分，应该是作者的主张以及得出结论的部分吧。谁都不愿意把时间用在无用的事情上，因此，意欲把文章全部记忆下来，显得毫无意义。

明明是希望把主张及结论等核心部分记忆下来，却感到非常困难，其中是有原因的。

文章的核心部分很难明白

有些文章的写法使得它核心部分的内容很难一目了然。

小说及论文等由于文章的种类不同，写法各异，从主张及结论开始写的文章几乎没有。

大多数文章是从核心部分的说明开始切入，慢慢地接近其核心，直至主张及结论——呈现出这样的结构。

这样写文章，只因为作者要得到读者的理解。

你阅读文章的目的，是学习记忆信息。因为与作者的目的不同，所以按照作者书写的顺序去阅读未必正确。

找到文章中核心部分的提示

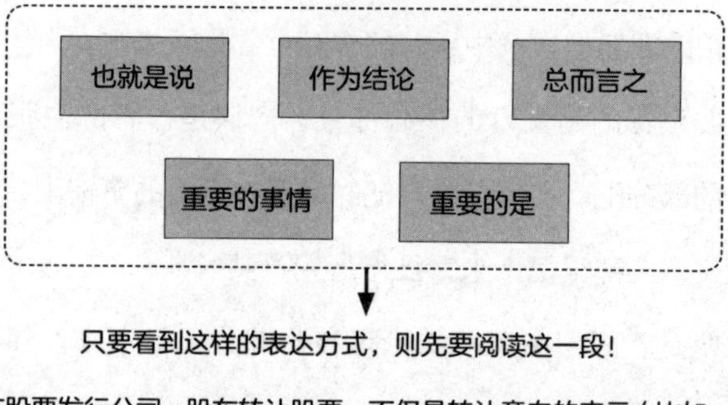

只要看到这样的表达方式，则先要阅读这一段！

示例：在股票发行公司，股东转让股票，不仅是转让意向的表示（比如，买卖），而且必须将股票交给承受人。也就是说，在股票发行公司中股票转让，是以交付股票为条件的。

首先寻找主张、结论

为了记忆，要首先寻找主张、结论。在从第一行开始仔细阅读文章之前，首先要把应该记忆的信息，即主张、结论找到，再返回到第一行阅读内容。

以这样的方式，可以将话题的着眼点置于大脑中，去阅读文章。比如，如果在明白了“作者的主张是反对某政策”这一点的基础上，再阅读文章的话，文章的易读性会倍增，而其知识也更容易进入大脑之中。

于是，为了寻找主张、结论，则不要看漏主张、结论的标志。只要有“也就是说”“作为结论”“总而言之”“重要的事情”“重要的是”这样的表达，要首先阅读这一段。

因为在这样的段落中，通常会写有主张、结论。请以这些表达作为提示，找到文章的核心部分。

粗体字及最后的段落需要查看

可以迅速找到主张及结论的方法，并不只是需要关注与此密切相关的表达。虽然不能说所有文章都一样，但是，最起码应当关注以下几点。

首先是粗体字。因为成为粗体字的内容，往往是本书的作者认为重要的信息，再没有比关注此处更好的了。

一打开教科书，首先查找粗体字即可以捕捉到大框架，因此，最好要养成这样的习惯。

下一步，希望你可以确认一下最后的段落。因为在说明性的文章中，无论在文章中的哪个部分，论述完核心内容后，大多在最后一个段落中会将其主张及结论再次提及。

在最后一个段落中还会简明扼要地总结一遍，往往都是这样写的。“为什么？”可以强化记忆，一旦找到主张及结论后，下面就要返回第一行去阅读正文了。

此时的秘诀是始终联系结论一边思考一边阅读。比如，结论如果是“睡前不可摄入碳水化合物”，那么在文章中一定会写出理由。希望你可以带着“为什么？”这一疑问，从第一行开始阅读。像这样阅读的话，你会持续地开动大脑去思考，可以一边理解一边往下阅读文章。其效果是文章容易进入大脑。

这种阅读方式，可以说是最积极的读书形态。

并不能因为作者是从第一行开始写的，就必须从第一行开始阅读。牢记住目标去记忆，使自己记起来容易一些，把文章当作料理加工来看就好。

为强化记忆的最积极的读书形态

①首先是捕捉大框架

②从一开始重新阅读

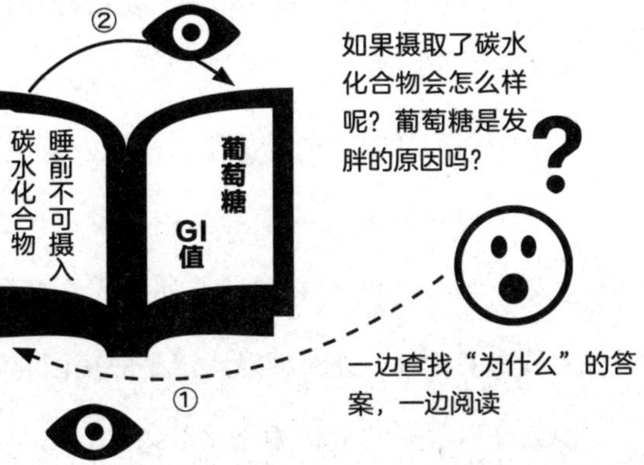

为了容易记忆而一边对信息进行加工，一边阅读是非常重要的

Lesson3 关注主语＋谓语的方法

2 行以上的内容想要记住都很难！

从现在开始讲述的是句子的记忆方法。

如果你有一个目标句子想要精确地记下来，该怎样记忆才好呢？

下面列举的例句是关于《日美友好通商条约》的说明。

《日美友好通商条约》中规定，一方面，日方没有关税自主权，另一方面，美方拥有外国人在暂住国享受本国领事裁判的领事裁判权，进而可以认定是对美国有利的单边最惠国待遇。因此，这一条约被称为不平等条约。

这一例句由 4 行组成，不容易记下来。正因为难以记忆，才要设法将它加工成容易记忆的东西。

虽然是仅有 4 行的内容，但是让你完整记下来的话，却怎么也进入不了大脑之中。

难以记忆的原因，是信息量太大了。对大多数人来说，记忆由 2 行以上构成的信息就很困难了。

在信息量大难以记忆的情况下，我们就把它缩小到容易记住的量。之前记不住句子的你，并不是因为脑子太笨了，而是由 2 行以上构成的信息，不是容易记忆的量。

我推荐的是，将信息分为框架与除此之外的子信息，然后再分别将它们缩减为一行左右的小句子的方法。

记忆长句子的要点

原句

《日美友好通商条约》中规定，一方面，日方没有关税自主权，另一方面，美方拥有外国人在暂住国享受本国领事裁判的领事裁判权，进而可以认定是对美国有利的单边最惠国待遇。因此，这一条约被称为不平等条约。

要记忆的句子

信息

《日美友好通商条约》是不平等条约

日本没有关税自主权，美国有领事裁判权，美国享有对它有利的单边最惠国待遇

将长句子拆为容易记忆的量

从框架的主语+谓语开始捕捉

若是刚才的例句，首先要精确定位到作为主语+谓语的“《日美友好通商条约》被称为不平等条约”这一框架上。

找到框架之后，下一步则去拣取修饰这一框架的子信息。例句中，“日本没有关税自主权”“美国有领事裁判权”“美国享有对它有利的单边最惠国待遇”这些部分，即为子信息。

分成框架与子信息后，首先从框架的主语+谓语开始记忆。因为这是信息的要点。

牢记框架之后，再着手记忆子信息，更容易巩固记忆。

主语与谓语会浮出水面

也许这么做你感觉很不习惯，但是如果想记住句子，无论如何也要将细分化挂在心间。首先，要从提取相当于框架的主语+谓语开始记忆。其他部分，作为另外的信息，然后再记忆。

识别框架的秘诀，在初中及高中时代的英语课上早已存在。

上英语课时，一开始捕捉到 SV 及 SVC 句子之类的框架是非常重要的，除此之外的部分当然是以后再把握。

请你想一想，学校的老师是不是把英文写在黑板上，用括号跳过框架以外的部分进行解说的呢？

即使不是在学习英语，也可采用同样的方法，一边读文章，一边去捕捉句子的框架。

只要是长句子，就可能存在多个主语与谓语混在一起的情况，须一边思考“这是修饰哪个主语和谓语的呢”，一边阅读文章。

如果做练习，一边读日语句子，一边尝试将框架以外的部分用括号括起来会更好一些。文章中全是括号了，你可以发现框架以外的重要度较低的子信息，存在于这些文章之中。

习惯了之后，即使不加括号，大脑中也会浮现出主语与谓语，从而可以看得很清楚了。

我初次阅读文章时，即有意识地将框架的主语与谓语提取出来。在阅读到“这里！”之类的句子以及长句子时，并不是从第一个文字开始仔细阅读，而是先找到框架，再返回到第一个文字重新阅读。

只要将视线的移动方式尽力做到框架的主语 + 谓语→修饰语言等的子信息，自然而然地就可以实现这样的阅读方式了，句子也会变得比想象的更容易记忆了。

找到框架

在英语中……

The dog (sleeping on the sofa) is Kuro.

S ——→ V

（主语）　那条狗是小黑　（谓语）

（正在沙发上睡觉的）

以同样的技巧，将除主语与谓语之外的部分用括号括起来

↓

示例

主语

《日美友好通商条约》（中规定，一方面，日方没有关税自主权），（另一方面，美方拥有外国人在暂住国享受本国领事裁判的领事裁判权），（进而可以认定是对美国有利的单边最惠国待遇。因此，这一条约）被称为不平等条约。

谓语

也就是说

↓

主语 + 谓语

《日美友好通商条约》是不平等条约

子信息

- 日本没有关税自主权
- 美国有领事裁判权
- 美国享有对它有利的单边最惠国待遇

Lesson4　不需要的内容全部用括号括起来

信息的压缩与反复是学习的关键

信息量太大的话记不住，这也在情理之中，正因为如此，信息的压缩可以说是与学习息息相关的东西。将句子用主语＋谓语的形式，将信息量缩小，就是为了压缩信息。

但是，只将信息量缩小即满足是不行的。将信息压缩为容易记忆的量后，接下来反复接触该信息，不断地强化记忆才是最重要的。

信息的压缩，不只是为了使信息变得容易记忆，还是为了在短时间内高效率地重复学习所做的初步准备。

那么，怎样压缩信息，才能便于重复记忆呢?

加上括号，阅读文章

欲将句子记下来时，只要加上括号，即可找得到句子的框架，如上所述，就会成为容易记忆的信息量。

下面我们试着将这一想法应用到整个文章中。文章整体变小，即使原来的文章量再庞大，也可以在短时间内反复阅读了。应当加括号的地方，即是为使文章变得容易理解的举例说明及对比、理由、事物的背景等相关的信息。

比如，有一篇关于“丰臣秀吉的太合检地（统一土地的户籍）”的文章。在这篇文章中，不仅有“丰臣秀吉实施太合检地”的事实，在其前后，为了便于理解这一事实，还有一些内容包括实施太合检地的理由、时代背景，通过太合检地的实施，对人们的具体活动产生了什么样的影响等，把各种各样的内容作为“丰臣秀吉实施太合检地”的补充信息。

这些补充的信息，并非要记忆的信息，只要读上一遍即可，无须反复阅读。将需要反复阅读记忆的信息与不需要的信息分辨清楚是非常重要的。

为了可以一眼就明白要反复阅读而记忆的信息，需将作为补充的信息用括号括起来，以便于往下面阅读时，可以马上跳过去。

复习的时候，跳过括号，多读几遍。

通过跳过括号里的内容，能够节省大量的阅读时间。全部读完，只能阅读两遍，跳过括号后，可以阅读五遍、十遍。

加上括号，整理信息

希望记住的信息

股票的转让原则上是自由的。（为什么呢？在所有权与经营权分离的公司法下，股东没有个人所有权，而且，在股份公司制度下，股东也没有退出公司的自由。）

← 不需要反复阅读的信息

要点——

举例　说明　对比　理由　事物的背景

只要加上括号，即可以在短时间内高效率地重复进行学习！

这里那里到处都是括号

为了使文章整体都变得容易阅读，将像段落那样的信息块全部用括号括起来，最为有效。

像小说那样可以流畅地读完的参考书，当然是具体事例等比较多，将那样的部分整个用括号括起来，复习的时候就不必读了。

具体事例等是作者为了让读者理解而写的部分，作为读者，“只要读完，就算结束”，这样就好。这些都不是需要反复阅读而记忆的信息。

这也是俗话说的脑筋好的人在无意识中做的事情。脑筋好的人，即便是文章一长串似的排列在面前，也能够做到一边跳过不需要记忆的东西，一边往下阅读。某一种主张已写在书中，其后面如果接续的是“比如”部分，则无意识地跳过去阅读。“总归在前文的举例说明中已经写明白了，所以即便不阅读也没关系”，他们会立刻做出这样的判断。

将括号部分跳过去阅读，意思说得通吗?

使重复学习变得容易是利用括号学习的目的。

如果不理解加括号地方的内容，只读写在括号外的部分，整体的意思说得通吗？去确认一下即可。

比如，学习丰臣秀吉的政策时，跳过太合检地加了括号的解释部分而阅读，没有加括号的句子，只要有“刀狩令”或“身份统制令”等丰臣秀吉实施的政策即可明白。

每天都要一边思考重要的部分在哪里，一边去阅读文章。

用括号使文章变得易于阅读

脑筋好的人在无意识中进行的

括号学习法

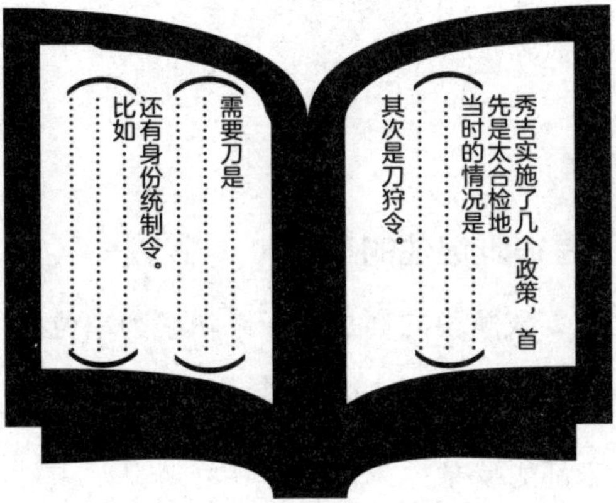

要点

具体事例　　对比　　背景

等用（　　　）括起来！

为了易于重复，将信息进行压缩！

Lesson5 把目标限定到关键词上

总之，句子是很难记住的！

到此为止，我解说的都是关于以句子为单位的信息该如何记忆的方法。学习的时候，阅读是一种最基本的行为，阅读的技巧希望大家都能掌握。

但是，无论技巧运用得如何娴熟，句子还是很难记住，请你想一想，这一情况是常有的吧。

人类可以在瞬间记住的信息量，以文字计算的话，有可以记忆几个文字的说法。这一说法正确与否暂且不论，从感觉上来讲，瞬间可以记忆的信息量也确实是那么几个字吧。

说是几个文字，那就早已不是以句子为单位了，并没有超出词语的范畴。

限定到关键词上进行记忆

瞬间可以记忆的信息充其量是词语。要将这一事实铭记于心，必须全力去记忆关键词。

这里所说的关键词如果在应试学习中，是指在考试题中恰中要害的词语；如果在商务方面的学习中，即指如果不知道，则后面的学习无法进行下去的词语等。

如果掌握了这些关键词，无论是在应试学习中还是在商务方面的学习中，都会大幅度接近“学习的目标”。这是因为若是考试，在关键词上会有规定的分数，而在商务活动的世界中，专业术语有其相应的价值。总之，一定记住这些关键词。

这里，我将为大家讲解关键词的选取方法。

寻找关键词的方法

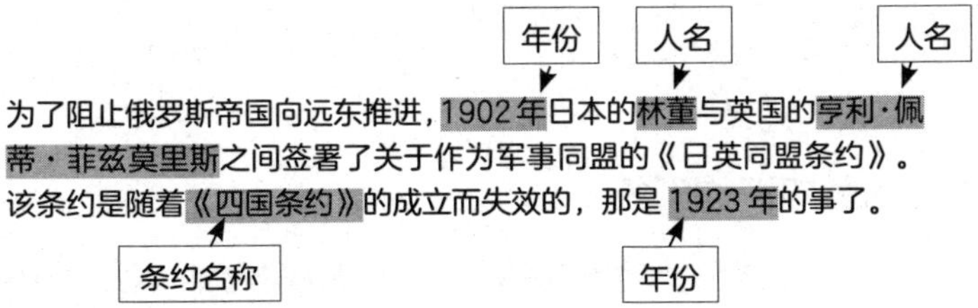

要关注即使换一个词语，文章的意思也讲得通的部分！

寻找关键词方法

问题是怎样才能找到关键词呢？

在文章中，只将重要词语用粗体字显示出来，以及换一种颜色显示的情况都有，但是在没有这些显示时，关键词可就难找了。

其秘诀是在句子中寻找“即使换一个词语，文章的意思也讲得通的部分”。因为这样的词语，是最容易成为考试目标的。

比如，有一篇《日英同盟于1902年签署条约而成立》这样的文章。在这篇文章中，“1902年”这个部分，即便是换了其他的年份，该句子本身意思也讲得通，所以会成为考试应对之策中的关键词，应当记下来。

提问的人在大多数情况下，都是基于正确的信息而提问的。于是，往往会用易替代词语而出题。这些就成了很容易出题的地方。

进行回顾知识的训练

在学习中最重要的不仅是要记忆，而且需要回顾式的记忆。回想不起来的知识在考场上属于不起作用的知识，简直没有意义。可以回想起来的知识才是得分的源泉。

回顾式训练之所以重要的理由也在于此。应将知识始终保持在可以回想起来的状态，将回顾式训练应用到学习中去。

在关键词上加圈

为了牢记关键词，我向你推荐如下回顾式训练。

首先，在阅读课本时，一旦找到要记忆的词语，将该词语用圈圈起来，做上标记（不画圈，用记号笔也可以）。

秘诀是经常保持一边思考一边阅读教材的做法。一边阅读教材，一边思考“这个词语即使用别的词语替换，意思也讲得通”，发现了目标，立刻用圈圈起来，再继续往下读。

下一步，请一边哗啦哗啦地快速翻动书页，一边回想跃入眼帘的已画圈的词语。其要点是，只看一眼，自己能不能想出词语的意思来。只要可以回想起来，即可以说你的记忆得到了强化。如果你可以回想起来，请再努力记一遍。

普通的学习自然是一项记忆句子中的词语的工作。

但是，在考试中也有要求解释词语的题目，所以看到词语，也必须要回想到句子。

在进行了句子→词语的思考之后，再通过词语→句子去思考，做到无论怎么问都可以回答，这样去训练你的大脑。

回顾知识的训练

①在关键词上画圈

②一边翻动教材，一边回想意思

用句子→词语、词语→句子，进行回顾式训练

Lesson6　即时重复以当场强化记忆

再次确认一下记忆的基本方法

记忆的基本方法是凝缩信息，进行重复。凝缩、重复都能够完成后，信息无疑会全部记下来。

在此，我给大家介绍关于重复的技巧。脑筋好的人，换言之，也可以说是擅长重复的人，请你也要学会高效重复的方法。

关于重复的方法，在第 4 章中我会详细地进行解说，这里我想说的是在阅读文章时，希望大家可以意识到的重复方法。

阅读了本书后，希望你可以成为重复的高手。为此，本书中介绍的重复方法，请你一定要去试一试。

阅读的时间间隔太长，则无法复习

这是理所当然之事。今天你接触的东西，到了一年之后再重复接触，则毫无意义。如果真的是一年以后再重复，那么今天你接触过的知识连个影子都不见了，何谈复习二字?

须在遗忘之前去重复接触为好，因此，建议你将意欲记住的文章阅读完后当场进行重复。

比如，你打开教材，学习大约 4 页的一个单元的知识。如果在平时，你读完这 4 页后，就会前进到下一页，开始新的单元的学习了。

但是，如果你在继续往下进行之前，将这 4 页重新阅读一遍，当场进行重复，如此一来，接触的次数则变为两遍，记忆就得到了强化。

反复记忆需要以适度的间隔进行，对此我毫无异议。我的一贯主张是接触知识后分别在 1 天后、1 周后、1 个月后进行重复。随着重复次数的增加，间隔放长一些也可以，这是因为记忆已成为长期记忆，即使不进行记忆的维护，记忆也会照样保持。

尽管有这样的一贯主张，我还是建议大家要即时重复。

因为接触次数越多，记忆越会强化，趁早努力将短期记忆转变为不会消失的长期记忆。

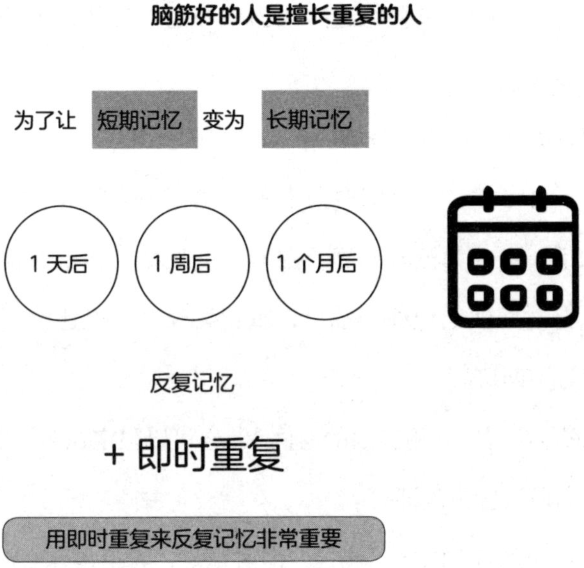

因为是即时重复，几分钟即可结束

问题是因为要重复，则会失去这部分学习的时间。

在重复学过的内容过程中，挤占了时间，其结果是只能学习少量的内容，反而是本末倒置了。如果是期末考试之类还好说，若是资格考试等，你想学习的量自然会减少。

因此，请你回想一下在这一章中介绍的方法。将锁定的关键词用圈圈起来，把举例说明等无用的句子通过括号跳过去，只突出成为核心的信息。

即时重复时，只要将这些成为核心的信息从眼前过一下，就会有效果。

即时重复的目的，是增加接触信息的次数。

绝不可考虑“通过即时重复就必须记下来”等。如果那样考虑的话，会成为一种压力，很有可能厌学。在不断重复中，则可以自然而然地记住，总之，重新翻开书，仅让信息出现在你的视野中即可。

此外，在有效利用有限的时间上，你可以限定在某一时间内，分开时间段进行重复即可。

比如，我们可以自己规定“即时重复，无论是什么都要用 3 分钟结束”。一旦有了时间的限制，容易集中精力，也容易记忆。

在短时间内重复记忆，是因为它是刚刚才学过的内容，我们很容易能立刻想起来，如果时间间隔长了，用几分钟时间去复习一个单元，我们很难短时间内记住。

不要白白地放过在短时间内可以复习的机会，为了提高接触信息的频率，希望你可以把即时重复的方式应用到你的学习中去。

即时重复的方法

为了使复习更容易，写入教材中

在关键词上加上圈

［日本《民法》基于躺在权利上睡觉的人（指怠于主张自己权利的人）不值得保护，而规定了时效制度。］时效制度，规定“20 年里，以所有者的意思，和平地而且公开地占有他人的财产者，即依法取得该财产的所有权”。这是尊重 20 年这一个持续的事实状态，承认并保护占有者权利的规定。
（比如，如果 A 以所有者的意思，公开地并非依靠暴力而占用 B 的土地长达 20 年，B 的土地即成为 A 的土地。）

记不住的地方也可以用括号括起来

（此外，还规定“以所有者的意思，和平地而且公开地占有他人的财产达 10 年的人，在其开始占用时，是善意的而且无过失，即依法取得该权利”，）也就是说，只要是善意的、无过失，达到 10 年即可依法承认取得时效。

即时重复的秘诀

- 使其在 3 分钟以内结束
- 括号部分在即时重复时不必看
- 有意识地去记忆圈中的部分

设法增加接触知识的机会！

专栏二：要求一味地背诵文章的论文考试

我背诵文章最拼命的一次是参加注册会计师考试的时候。

注册会计师考试可以说最主要的是论文考试，因此，往往被认为不是要背诵，而是测试逻辑思维能力与论述能力的考试。

其实不然，实际上论文考试中背诵才是最重要的。将教材及模拟考试中出现的文章信息照原样全部记下来是最基本的学习内容。把文章作为一个整体全部记下来，在正式考试中，以这种记忆为基础，才可写出答案。

当然，思维能力与论述能力是非常重要的，但是，如果你一开始没有背诵整篇文章，就去写答案的话，可以明确地说是不行的。论文考试才是一个记忆的大比拼。

为了通过那种论文考试，我从阅读文章开始，就想了很多办法。把主语与谓语提取出来，从框架开始记忆，非记忆对象的地方则断然加上括号，跳过去阅读，反复下功夫。进而，独创出了利用图表记忆的记忆法，日复一日，终于将文章彻底地熟背下来。

为了使文章容易记忆，而具有加工的意识，即是拜那次论文考试所赐。尽管想将眼前的信息照原样全部记下来，却怎么也记不住，所以须变换信息的形态——想出了这样的办法后，使得记忆顿时变得格外轻松自如起来。

也许你也正为记不住文章而发愁吧。希望你一定要用变换信息形态的方法试一试，成为记忆文章的达人。因为我可以做到，相信你也一定能够做到。

第3章

聪明人的记忆是从整理信息开始的

Lesson1 将3行内容用自己的语言并为1行去记忆

首先从信息的整理开始

为了高效率地记忆，如上所述，压缩信息是非常重要的。

压缩信息是从整理信息开始的。选择并加工信息，把信息整理成为容易进入大脑的形态，即为信息的整理。在第3章中，关于信息的整理，会更加详细地加以解说。

首先，给大家介绍一个简单的方法。

这是一个将总也记不住的信息转换为容易记忆的信息的技巧，只要有了这个技巧，就可以将难以记住的信息一下子全部记下来。

将信息变得容易记忆，就要将想要记住的信息转变为自己的语言的方法。

使用自己的语言是一个秘诀

难以记住的原因有多种多样，其中之一，即是要记忆的信息不是根据自己的语言来的。正因为是别人的语言、别人的表达方式，所以才难以进入自己的大脑之中。

请你将难以记忆的信息转换成自己的语言，即转换成对自己而言最可靠的语言再进行记忆。

我举一个具体的事例来说明。

关于 EU（欧盟）各国面积的信息中，比如，有“在加入 EU（欧盟）的国家中，拥有最大国土面积的是法国，接下来是西班牙、瑞典等；最小的国家是马耳他，其次是卢森堡等”的信息。

乍一看，这是一条无法记住的信息，但假如是我，我会这样去记忆：“在加入 EU（欧盟）的国家中，面积最大的是法国，最小的是马耳他。”

在考场上，除非需要准确地将你所记忆的东西照原样全部写出来，其他情况下你可迅速将它们转换成你最熟悉的表达方式。我是将其转换成了“最大、最小”等。

用自己的语言进行表述时，字数要尽可能少，这样会更容易记忆。

这种记忆方法，不适用于要求准确地照原样记忆的场景，因为它将句子的详细信息给切掉了。如果想要准确地照原样记忆，请采用第 2 章第 36 页介绍的主语 + 谓语的方法进行记忆。

这并非在所有的场景中都适用。须根据情况而使用不同的记忆法。

用自己的语言将 3 行内容凝缩为 1 行进行记忆

《道路交通法》第 12 条第 2 项：
行人在十字路口不准斜穿马路，除了设有道路交通标志等，显示可以斜穿马路的情况之外。

用自己的语言，尽可能地缩短

↓

原则上斜穿马路是不被允许的

将“除了设有道路交通标志等，显示可以斜穿马路的情况之外”转换成“原则上”

图表也是一样的

转换为自己的语言的方法，可以应用到你意想不到的地方。比如，记忆图表时。

假如将刚才提到的 EU（欧盟）成员国各国的面积，全部排入一个表格中（参照下一页）。

即使是在记忆这样的表格的场景下，由于考试的目的不同，有时也可以像刚才那样，只记住法国与马耳他即可。在这种情况下，只要将它们变换成自己习惯的简洁的表达方式就好。

此外，究竟是粗略地记忆就可以呢，还是必须准确地记忆一字一句？请你一边做试题，一边去确认。如果习题集及过去的考题中均没有针对准确的面积出过试题，那么，可以考虑今后不出这种考题的可能性也很大，据此，即能够判断出什么知识需要简洁记忆即可。

尽力达到可以回想起关键信息

记忆时必须达到可以回想起关键信息的程度，正如我多次讲述的那样。

关于 EU（欧盟）成员国的面积信息中，最重要的是法国、马耳他，但只记忆国家的名称，没有记住“那是关于什么的信息”，则毫无意义。

为了准确地回想起关键信息，法国、马耳他是作为“EU（欧盟）成员国的面积”相关的信息而记忆的，应该做到在瞬间即可想到。

为了能够做到这一步，一定要明确关键信息是关于什么的信息。记忆时，要将“是关于什么的信息”作为主要信息去记忆。

将图表用自己的语言去表述

例1 EU（欧盟）成员国的面积（2017年数据）

成员国	首都	人口（人）	面积（km^2）
德国	柏林	82,175,684	357,376
奥地利	维也纳	8,690,076	83,879
比利时	布鲁塞尔	11,311,117	30,528
保加利亚	索非亚		110,370
克罗地亚	萨格勒布		56,594
塞浦路斯	尼科西亚		9,251
丹麦	哥本哈根		42,924
西班牙	马德里		505,944
爱沙尼亚	塔林	1,315,944	45,227
芬兰	赫尔辛基	5,487,308	338,440
法国	巴黎	66,759,950	633，187
希腊	雅典	10,783,748	131,957
匈牙利	布达佩斯	9,830,485	93,011
爱尔兰	都柏林	4,724,720	68,79
意大利	罗马		302,07
拉脱维亚	里加		64,573
立陶宛	维尔纽斯		65,386
卢森堡	卢森堡		2,586
马耳他	瓦莱塔	434,403	315

关注最大的一个数值

关注最小的一个数值

（续表）

荷兰	阿姆斯特丹	16,979,120	41,542
波兰	华沙	37,967,209	312,679
葡萄牙	里斯本	10,341,330	92,226
捷克	布拉格	10,553,843	78,868
罗马尼亚	布加勒斯特	19,760,314	238,391
英国	伦敦	65,382,556	248,528
斯洛伐克	布加迪斯拉发	5,426,252	49,035
斯洛文尼亚	卢布尔雅那	2,064,188	20,273
瑞典	斯德哥尔摩	9,851,017	438,574

出处：根据 EU 官方网站制作（https://europa.eu/european-union/index_en）

转换成自己的语言，EU 中面积最大的是法国，最小的是马耳他。

例 2　日本总人口的变化（2005—2016 年）

年份	总人口（单位：千人）						
	人口数量	纯增减		自然增减	社会增减	日本人	外国人
		增减数	增减率				
2005	127,768	−19	−0.01	9	−53	−103	50
2006	127,901	133	0.10	1	1	−60	61
2007	128,033	132	0.10	−2	4	−75	79
2008	128,084	51	0.04	−35	−45	−10	65
2009	128,032	−52	−0.04	−59	−124	−77	−47
2010	128,057	26	0.02	−105	0	4	−4
2011	127,834	−223	[illegible]	[illegible]	79	−28	−51
2012	127,593	−242	[illegible]	[illegible]	79	−23	−56
2013	127,414	−179	[illegible]	[illegible]	4	−23	37
2014	127,237	−177	[illegible]	[illegible]	6	−23	60
2015	127,095	−142	−0.11	−275	94	−1	95
2016	126,933	−162	−0.13	−296	134	−2	136

关注人口是从什么时候开始减少的

来源：日本总务省统计图

转换成自己的语言，正式的人口减少是从 2011 年开始的。自然增减的幅度连续 10 年不断扩大。

Lesson2 抽取共同项进行练习

信息的整理最基本的仍然是压缩

关于信息压缩的重要性我们前面已经接触过了，在这里，我教给大家另外一种压缩信息的方法。那就是，将意欲记忆的各个信息的共同项提取出来，把信息抽象化。

比如，关于《公司法》有如下信息，请你考虑一下，换作是你，该怎样记忆才好呢？

①发行股票的公司，在转让股票时，以股票的交付为生效条件。

②发行公司债券的公司在转让公司债券时，以公司债券的交付为生效条件。

把这些作为不同的信息而记忆时，要记忆的信息有两个。从要记忆的对象有两个开始，记起来就不能说是那么简单了。

如果将这些信息的共同项提取出来，作为抽象化的知识去记忆，会怎么样呢？

去记忆“如果要转让发行券，需要交付证券”。将分开记忆必须去记忆的 2 句话，压缩成为 1 句话，可以减轻记忆的负担。

这种记忆方法，是一种共同化的信息越多，则越有用的技巧。比如，“发行新股认购权证券的公司在转让新股认购权时，需要交付新股认购证券”也一样，可以提取出“如果要转让发行的票券，需要交付票券”。如此一来，可以设法将 3 个知识并为一个来记忆。

把信息抽象化

欧洲汽车方向盘的位置

①梅赛德斯－奔驰（德国）车的方向盘在左边
②沃尔沃（瑞典）车的方向盘在左边
③阿尔法·罗密欧（意大利）车的方向盘在左边
④捷豹（英国）车的方向盘在右边

提取出共同项

抽象化	欧洲车的方向盘在左边
例　外	英国车的方向盘在右边

* 将不可全部抽象化的事物作为“例外”来记忆

不可抽象化的信息也很重要

只要可以将两个以上的知识抽象化为一个，与以往相比，信息的记忆会变得容易得多。

当然也存在并非共同项，无法全部抽象化的信息。比如，“在转让 ×× 公司发生的 ×× 券时，不需要交付证券”这一信息。

像这样与其他信息不同的信息，请一定要准确地进行记忆。既然是不可完全做抽象化处理，那就只能作为个别知识而加以记忆。

此外，对像这样与其他信息不同的信息，准确地进行记忆反而是上上之策。

不可完全做抽象化处理，正是它的与众不同之处。而且，在考试中，这些与众不同的颇具特色的信息，正是有出题倾向的地方，所以再没有比准确地、完整地去记忆更好的办法了。一定要掌握可抽象化的信息与在某些情况下的特殊例外信息。

大脑中要随时搜索共同项

尽管说要查找共同项，也可分为容易查到的与不容易查到的这两种情况。

容易查到的场景出现在参考书等中归纳相似信息的部分。

由于相似的情况被归纳在一起，在这种场景下将共同项提取出来并不那么困难。

与此相对的，难以查到的是像图表等，它们的信息没有明确归纳。由于信息等未归纳出来，需要你自己找到可以归纳的信息，并提取出共同项。

为了找到共同项，建议你在平时的学习中，要在大脑中随时搜索可以归纳的信息。

比如，学习了关于股票的知识后，轮到学习关于公司债券的知识了。在学习公司债券的知识时，即应该回顾一下关于股票的知识。

不仅是眼前教材中写的东西，还应该加上除此之外的信息一同记忆，在大脑中考虑以往有没有出现过同样的信息。

也就是说，在学习公司债券的知识时，需要发现“说起债券的话，还有股票呢”。

虽然这是旧话重提，但你在专心致志地学习时，要常常保持在现在学习的内容中搜索是否存在与以往学过的类似的信息的习惯。

在大脑中搜索共同项

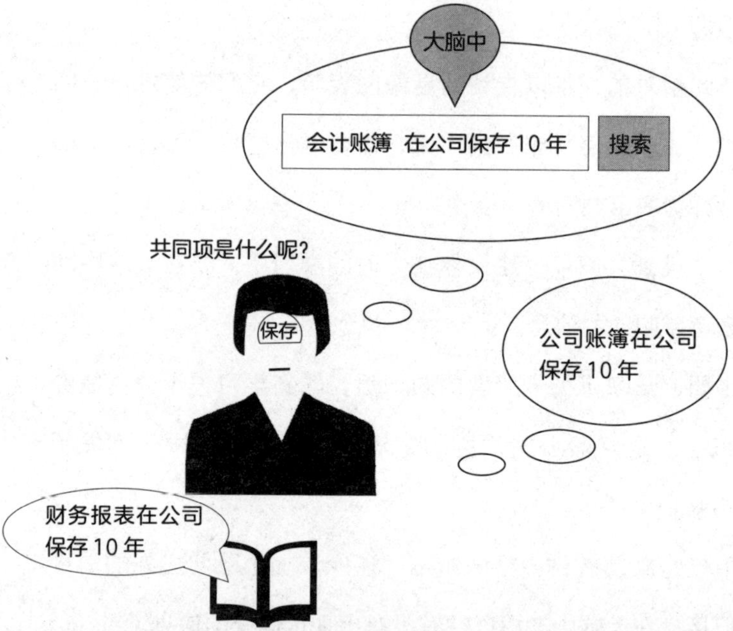

- 始终保持查找类似信息的意识
- 在寻找类似信息时，要关注与之前学过的内容相同的词语
（像以上所记述的，均为文件的“保存期”相关的知识）

Lesson3　用多个视角捕捉信息的技巧

要关注出题的多面性

信息应是加工后进行记忆的。信息的加工意味着为自己定制信息的量与形态。

因此，最重要的是加工信息的目的。加工信息不仅仅是为了让信息的记忆变得容易。除此之外，还有一个目的，那就是让我们学会用多个视角捕捉信息。

加工信息也在于为了无论怎样出题都可以作答。因为将某一部分信息作为问题提出时，其提问方式有好多种。

以日本《道路交通法》（简称“道交法”）为例做一下说明。

原本以道交法为代表的法律，适用于非特定的多数人，采用了“抽象性的规定方法”（如果规定得过于详细，则不能以非特定的多数人为对象了）。比如，道交法第 7 条中，粗略地规定为“必须遵守信号灯”。

如果以该条文的知识提问，出题方法并非一种，至少也有两种，请你一定要注意到。有提问“必须遵守信号灯，是正确还是错误的呢”，还有提问“步行的○○正在通过一个十字路口。当时是红灯，他是否可以往前走”。前者是将抽象性的内容进行抽象式的提问，相对地，后者则是将抽象性的内容通过具体的事例进行提问。

因此，记忆时必须做到不仅要记住条文的知识，而且即便是用具体事例出题也能够回答得上来。

记忆时要意识到出题模式

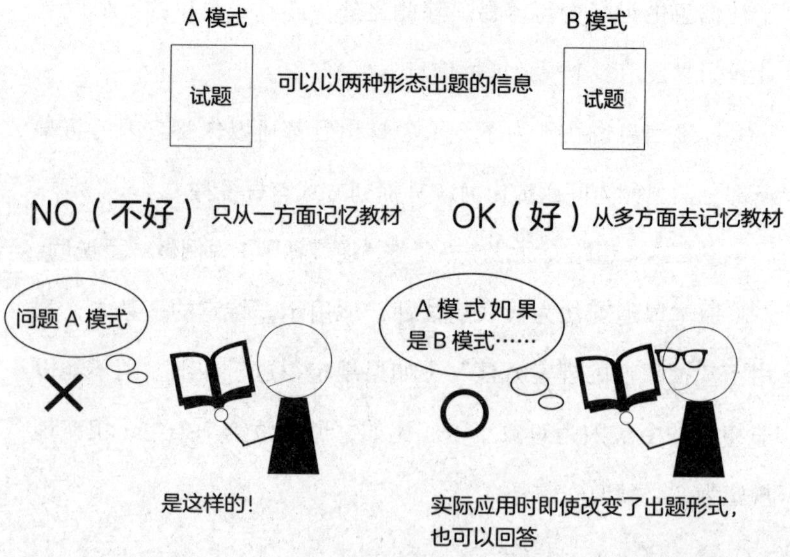

因只掌握了一方面而失分

无论如何也通不过考试的人，往往是反复“在原本学过的地方上出错”的人。那是因为照搬教科书中所写的形态而记忆，导致应用上不够灵活。

为了检查你有没有犯过类似的错误，请确认一下你在考试中犯的是什么样的错误。

如果在考试后，看过答案与解释，“明明自己是真的知道的，可是却错了”这样的错误比较多，就需要注意了。如果是在教科书中学过的表述及视角，即可以答对，但是，稍稍和这些不一样时，就回答不上来了，这是非常遗憾的。

像这样的失分，是只记住教科书上写的一方面内容而引发的，这是一定会发生的。需要采取一些应对之策。只要采取对策，一定可以得分的。

一边解题，一边思考多面性

无论用怎样的表述、视角出题都可以应对，就需要不仅是教材中刊载的表述、视角要记住，关于同类知识的其他表述、视角也要努力记下来。

首先，看一下你要做的试题，确认出题模式。若是法律考试，正如刚才看到的道交法的示例，有抽象、具体的模式。

一旦找到出题模式，在每次的学习中，“如果这一知识用○○模式出题的话，应该回答△△”，将自己记住的信息添加进去。

下面我举一个例子。

比如，会计考试中关于某一知识，有计算、文字说明这样两种出题模式。在“股份公司将其子公司卖掉”这一现象中，有用计算器计算数字的计算题，有用会计师使用的方法用文字进行说明的题。如果是这样的话，进行敲击计算器计算数字的学习时，一边考虑“这个一旦要求用文字进行说明时，该怎么办”，一边学习，会非常有效。

如果是英语的学习，则须考虑用阅读理解、英语作文这两种模式出题的情况。根据考试的目的，要想到不仅会有考阅读能力的题目，还会有考写作能力的题目。

如果注意到这样的出题模式，那么在专心做阅读理解类题目时，大脑中就要同时考虑“这里的句式结构，可以在英语作文中使用。比如……”

希望你能意识到，考试并非只就眼前的某一信息出题。平时就应该设想不同的出题模式，而学习的原因就在于此。做到教材中未刊载的表述、视角也会应对自如。

确认自己要参加考试的出题模式

示例　会计

问题　股票公司将其子公司卖掉

↙ 用数字回答的题目　↘ 用文字回答的题目

示例　英语

问题　so as to 句式结构

↙ 长文章的阅读理解　↘ 英语作文

示例　汉字

问题　蔷薇

↙ 读法　↘ 书写

蔷薇
在盛开

- 关注眼前信息的出题形式
- 努力与不同的表述、视角对应，进行记忆

Lesson4　自己出题记忆法

出题重点会发生变化

在入学考试及资格考试中，不能保证会按照教科书中表述的原样出题。正因为如此，找到两个以上的出题模式，在大脑中转换信息才是非常有效的，我想教给大家的就是这一点。

在这里，以此为基础，我会教给大家一种多角度记忆信息的技巧。只要掌握了这种记忆方法，即使出题的重点与教材不同，也可以做出正确的回答。

下面通过一个示例来进行说明。

比如，书中载有“关原合战发生在庆长五年”这一信息。在这样的记述中，重点自然是放在“庆长五年”这个部分上。一般情况下，是以“庆长五年”部分为中心而记忆的。

若是这样的话，如果试题是“关原合战发生在庆长七年。正确还是错误”，则可以答上来，然而，只要把出题的重点改变一下，就会有人回答不上来。

极端地讲，如果问“庆长五年发生的战争是什么”，有的人就无法回答了。

此外，教科书中记载的只有“关原合战发生在庆长五年”的信息，那么也可能会这样出题：“在关原合战中交战的双方是谁和谁呢？”

答案是德川家康与石田三成，若是你只记住了“关原合战发生在庆长五年”，那可就答不上来了。

改变视角，丰富知识

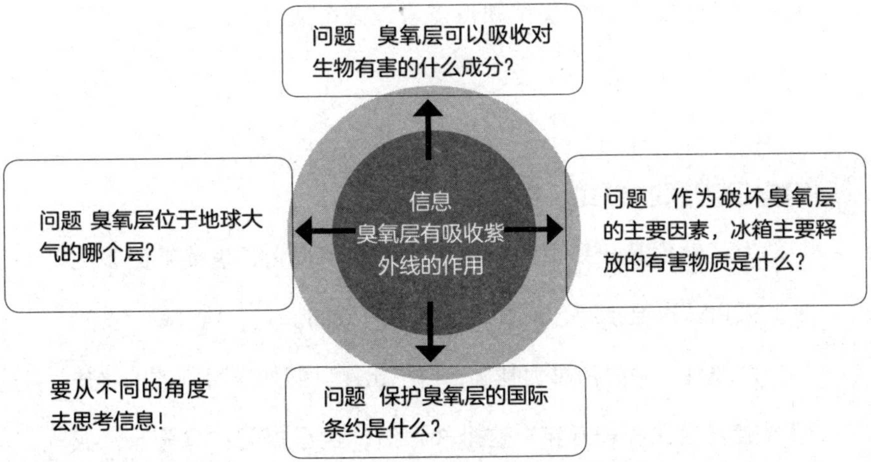

把 1 只当作 1 的人与把 1 当作 5 的人

只将教科书中所载的表述照原样死记硬背，知识面得不到拓展，仅略微改变一下出题方式，就难以回答了。

为了做到无论用哪种模式出题，都能够回答得上来，当然记忆两种以上的表述、视角是非常重要的。

为了记住两种以上的表述、视角，只要多读几本关于这些内容的教材即可应对。可是，如果为了接触多种表述、视角，而要钻研多本教材的话，恐怕有多少时间也不够。

在此，我为大家推荐从一个知识点出发，派生出多个，即使改变了视角也能够回答上来的方法。不要将一个知识点只作为一个来看，设法将一个知识点看作 3 个或 5 个。这才是最为合理的。

用自己出题的方式，扩大防守范围

为了做到某一知识的试题即使改变了视角，也能够回答上来，采用“自己出题”的方式是相当有效的。

以教科书中的信息为基础，自己出题。假如学习刚才的“关原合战发生在庆长五年”这个知识时，自己提问：“关原合战如果换算成公历，应是几几年？是谁与谁交战的？哪一个打胜了？”像这样进行提问，以充实记忆模式。

通过这种方法，关于“关原合战”，即便题目的表述及视角发生了变化，你也会应对自如。

设想通常的出题形式

那么，你担心的应该是出题的方法吧。

虽然你要参加的考试的种类、科目不同，出题的方式也各不相同，但是，归根到底它们共同之处是，前面所述的“通过试题，找到出题模式”的应对方法。

首先，去做过去的试题与练习题，确认一下同类题目经常会以“什么样的形式”出现。

刚才提到的“关原合战发生在庆长五年”是日本史知识，你在做日本史题目的过程中，则会明白这类题目的出题模式是“对年号提问”“对事件的名称提问”“事件名称给出来了，对其内容提问”“关于这一事件，出场人物有谁”等。

英语学习中，明白英语试题关于“对拼法提问”“对发音提问”“写一篇短的英语作文”的出题倾向，就可以大致上掌握出题模式了。

了解了这样的模式就好了。下一步就可以根据出题模式，自己给自己出题。掌握了这些题目的答案，再将一个知识点向多角度的知识点推进。

出题模式范例

科目	出题模式
日本史	年号、事件名称、人名、条约名称等
英语	拼法、发音、英语作文、长篇文章的阅读理解等
生物	固有名词的填空、名词解释等
法律	条件、效果、事例中结论的解释等
税法	计算、案例的说明等

要 点

解答过去的试题、练习题，确认出题的形式！
根据试题的形式，自己去出题，拓展知识范围！

Lesson5　记忆理由，从理由开始回顾

在回顾状态下记忆的秘诀

这里有一个需要回答的问题。每天因上下班或上下学乘坐的电车，其中不与从相反方向开来的汽车擦肩而过的是右侧的窗边座位呢，还是左侧的窗边位置？

也许对每天乘坐电车的人来说这是一个非常简单的问题。答案是“左侧的窗户边座位”（也有例外）。

那么，那些不怎么乘坐电车，虽然一时间没有得出“不擦肩而过的是左侧座位”，却回答正确的人，他们是怎样想到的呢？

电车的运行方式中存在着一个在大多数的情况下都通用的法则。而且，可以从这一法则中，推导出正确的答案。

“与小汽车同样的左侧通行”的法则

关于电车运行的法则，是指“左侧通行”这一法则。你平

时乘坐的电车，不也是靠左侧通行的吗？

电车的运行法则与小汽车的是相同的。

乘坐电车时，问你“不与从相反方向开来的汽车擦肩而过的是右侧的窗边座位呢，还是左侧的窗边座位呢？”自然有人会从靠左侧通行推导出答案。你会考虑到“电车的运行方式应该与小汽车是一样的，因为小汽车是靠左侧通行……”

这显示出，即使你忘掉了该信息本身，也可以从推导其信息的理由及背景出发，想出关键的信息。

与理由一起记忆

努力记忆信息时，应当与理由、背景一起记忆。

在有“○○是□□。为什么呢？”这样的信息时，除了“○○是□□”之外，也要将“为什么呢？”之后的信息一起记忆。

通过这样记忆，想出答案来是很容易的。即使考试中只问到“○○是□□”部分，也有忘记的时候吧。

在这个时候，如果有提示，即会想起来。只要记得理由，从该理由出发倒推，也可以想出关键信息，在紧急情况下一定会帮到你。

此外，关于理由的知识也有可能会被问到。只要与理由一起记，不论考哪一部分都会得分。

与理由一起记忆时的秘诀

将关键信息与理由一起记忆时，如果配合回顾训练，则非常有效。

读了与理由一起记忆的关键信息“○○是□□”句子，即可从这里想到“为什么”的内容了。

然后，阅读“为什么”的内容，即可以想出关键信息了。

在大脑中思考了关键的信息→其理由后，再思考理由→关键的信息，通过双方结合，从作为契机的信息中可以很容易地想到其他信息。这就是回顾训练。

进而，设法熟悉这一训练，使它变得更简单。

把教科书的内容用记号笔分为两种颜色

将教科书中想要记住的关键信息与其理由，分别用不同颜色的笔做上标记。比如，想要记住的关键信息，用粉色的记号笔标记，理由部分用蓝色的记号笔标记。

而且，学完一遍之后，可以将分开颜色的教材再哗啦哗啦地迅速翻一遍。

首先，只看粉色标记部分，同时间想其理由。为使自己理解，尝试解说一下其理由。

其次，阅读蓝色标记部分，再从蓝色标记部分推导出关键信息。

每天学习到最后，进行总结；某个单元的学习结束后，进行总结，定期进行训练。在这样的学习中，即会强化记忆。

与理由一起记忆

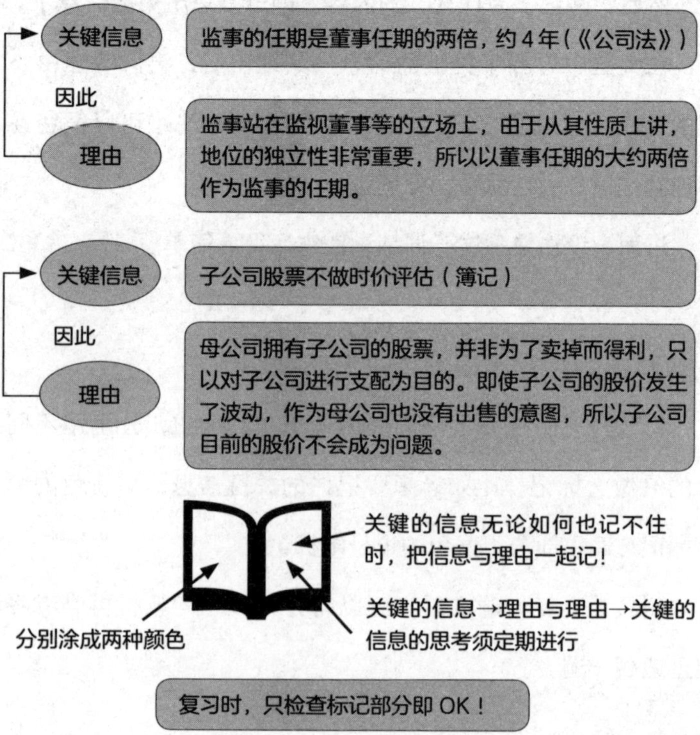

Lesson6　通过经常比较，不断加深记忆

当你明白了差异时，即成为记忆的契机

一种认知可以从大脑中随意取用的状态，究竟是在什么时候形成的呢？

我们以“自动扶梯的站立位置”为例来思考一下吧。正如你所知道的，在乘坐自动扶梯时，有一个不成文的规定，在东日本是站在左侧的，而在西日本则是站在右侧的。

自动扶梯的站立位置，无论何时你都会想到的，即已经成为知识了。如果问你，“你居住的地区，乘坐自动扶梯是站在哪一侧的？”你会马上回答“因为是东京（东日本），所以站在左侧”，这就是最好的证明。

这里希望你考虑的是某种认知作为知识在大脑中固定下来的时机。固定下来很有可能是在明白了“在大阪（西日本），站在右侧”的时候吧。通过比较，明白了事物与别的事物之间

的区别时，记忆会一下子得到强化，完全转为知识。

在记忆东方历史时，通过与西方历史的对比，会促进理解，起到帮助记忆的作用。这就是由于明白了差异，所以信息给予了大脑强烈的冲击所致。

请你一定要注意，如果想掌握好知识，一边比较，一边学习，效果更佳。

不要只集中在眼前的事物上，通过与类似的事物相对比，将认知转化为知识。

做一下比较，会巩固记忆

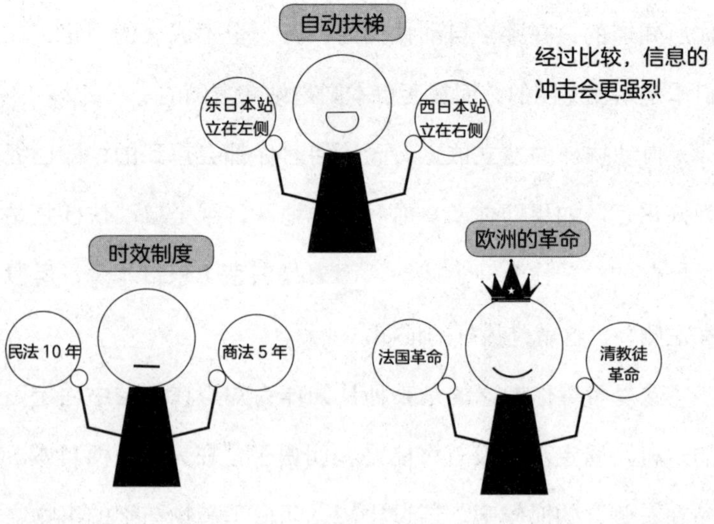

在大脑中养成比较的习惯

若是通过比较能强化记忆，没有人不使用这一技巧。那就是，一边学习，一边将信息与信息进行经常比较的方法。

请试想一下现在正在学习的知识中，有没有和之前学过的类似的呢？要经常与你想到的知识进行比较而学习。

比如，着手学习法国革命时，则要联想到英国的清教徒革命。

在学习《商法》的时效制度时，则要复习《民法》的时效制度。

像这样，将类似的知识置于大脑的一个角落而进行学习，你会看到差异而记起来也简易多了。

如果相同的话，记住相同也是一个诀窍

通过比较，看到了不同信息之间的差异，以其差异为中心去记忆更容易。考虑到出题者的心理，与其他信息不一样的部分，才正是他想出题的部分。

在对信息进行比较时，有时会发现它们是相同的。

比如，在学习《公司法》中干部的任期的场景中。

董事的任期为大约 2 年，会计顾问这一职位的任期，同样也是大约 2 年。因此，可以将会计顾问的任期与董事的任期进行比较，自然会发现它与董事的任期是相同的。

如果是相同的话，记住相同即可。这样会减少记忆量，两个以上的知识即可轻松地记下来了。

比较时进行复习

在进行对比时，返回以前的教材中复习是非常有效的。那是因为在对比过程中，大脑在全速运转。

开动脑筋，预想出“那个理应是○○”，返回到教材中，找到与自己预想到的内容相对应的答案。这样会留下深刻的印象。

返回教材去确认时，也要去确认一下周围的内容。

接触知识的次数越多，记忆越会得到强化。

请一定要试一试。

进行对比记忆的过程

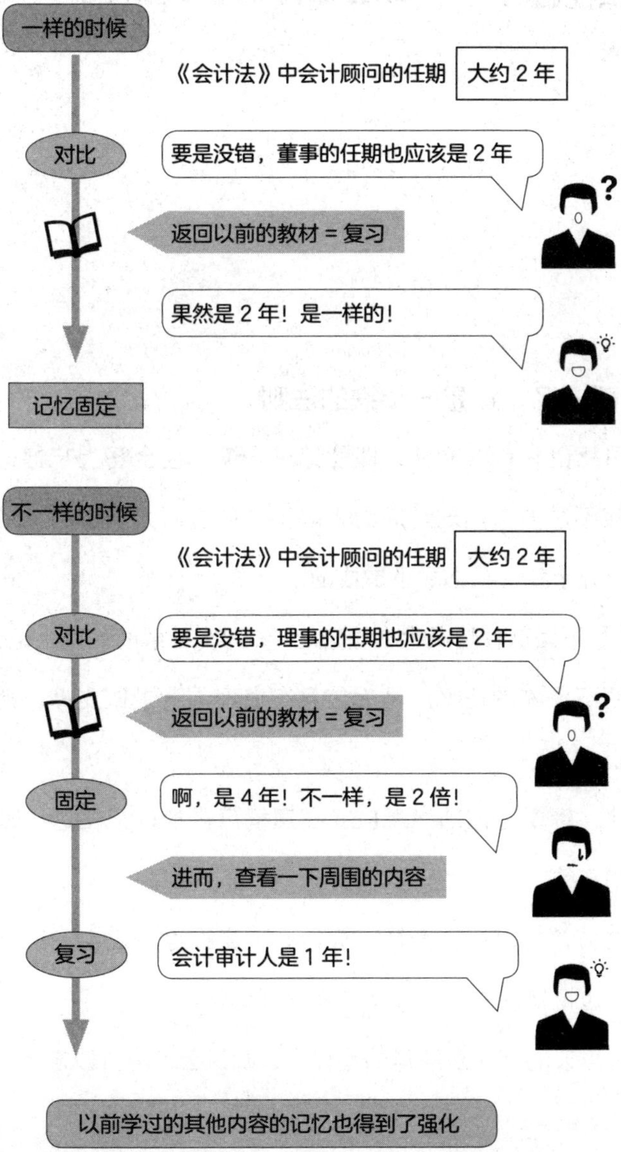
一样的时候
《会计法》中会计顾问的任期
大约 2 年
对比
要是没错，董事的任期也应该是 2 年
返回以前的教材 = 复习
果然是 2 年！是一样的！
记忆固定
不一样的时候
《会计法》中会计顾问的任期
大约 2 年
对比
要是没错，理事的任期也应该是 2 年
返回以前的教材 = 复习
固定
啊，是 4 年！不一样，是 2 倍！
进而，查看一下周围的内容
复习
会计审计人是 1 年！
以前学过的其他内容的记忆也得到了强化

Lesson7 以“设定条件的自我解说”来整理知识

理解后再记忆，这是一个铁的法则

采用死记硬背的方法，即使记过一遍，也会马上忘掉，这是很自然不过的事。这是因为采取了难以进入大脑中的记忆形式，知识处于独立状态之下造成的。

此外，下面这种情况也在情理之中，即在理解的基础上记忆，则容易留下深刻的记忆。因为信息有道理与背景做支撑，则会铭记于心。

因此，想要记住的信息应当在理解后再加以记忆这一理论自然是成立的。

我之前并且以后也一样，极力向大家推荐一边自己给自己解释，一边记忆的方法，以做到理解后记忆。

不可思议的是，在解释的过程中，知识会变得难以忘记。

我作为一名资格学校的讲师，至今为止，辅导过许许多多参加资格考试的人。

在资格学校里，向学生们传授自己作为一名考生时的学习方法是我的工作。当然，这些都是我已经掌握了的东西，但是，每次我都会提前认真准备好讲义后去教课。准备讲义，并非自己要记下来，而是为了使听课的学生全部听得懂。

不可思议的是，在我进行以解说为中心的讲义的准备过程中，发现当自己是一名考生时，记过无数遍都记不住的东西，现在竟然毫不费力地进入了大脑。讲解这一行为本身，即会通向理解与认可，可起到强化记忆的作用。所以我认为尽早使用这一方法为佳。

发出声音来进行说明

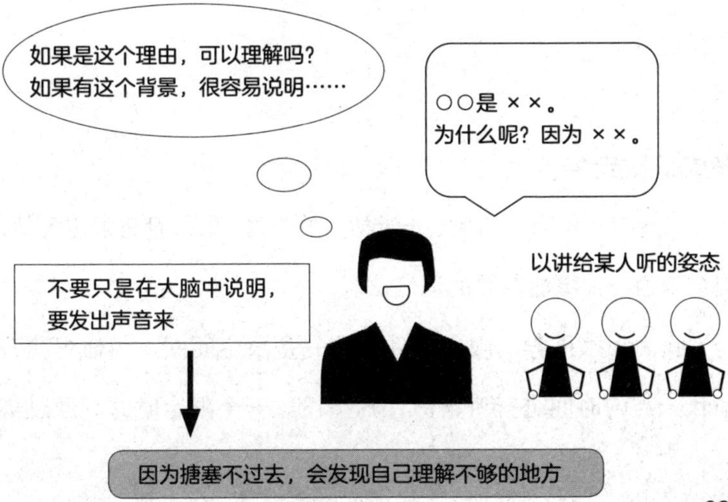

诀窍是说出来

为了记忆而进行说明是非常有效的。

面对着像听讲的学生那样仔细聆听自己讲解的人进行说明，那自然是最理想的了。

然而，大多数人是没有授课对象的。因此，就自己讲给自己听吧。我们只有给自己讲清楚了，才是真正掌握了这个知识。

诀窍归根到底是要说出来，希望你可以实际发出声音来进行说明。

如果不发出声音而只在大脑中说明，自己就会图方便，把解释不彻底的部分省略掉。而通过发出声音，则无法省略，被绊住的地方即可以明确记住。

只要今后在学习中把其中被绊住的地方填补起来，记忆就会得到强化了。

考虑好限定条件

一边自己给自己讲解，一边学习的方法，如果设有限定条件，则会变为一种更加有效的记忆法。

我为大家推荐的限定条件，首先是限定时间。当你想花费稍长一点的时间进行讲解时，则须设置一个限定时间。通过规定“这里用 3 分钟说明！”“这里用 5 分钟说明！”自然而然地会集中精力，提高讲解的质量。当然，也可以起到促进理解、加强记忆的作用。

其次，限定为“只使用即便是中学生也可以理解的表述”，也非常有效。

特别是像资格考试等这些由成人参加的考试，必定会有抽象语言增多的倾向。即便如此，也要注意用浅显易懂的语言进行说明。浅显易懂的内容更容易进入大脑中。

在说明时，我们也可以自己规定“自我记忆要求”，通过这种严苛的要求来进行训练。

比如，在自己给自己说明法律条文的内容时，可以考虑这种方法。

这种设置自我记忆要求的方法，可以提高你解答问题的能力。

在正式考试中，有时会要求“将○○用□字以内进行说明”“将○○的根据叙述 3 点”。这类带限定条件的问题有很多，因此，在平时设置限制条件进行学习，是非常有效的。

不断地增加限制条件，抬高解说的门槛，门槛抬得越高，你的解说能力也会越强。

自我规定的记忆要求

记忆对象

日本《民法》第724条：因违法行为产生的损害赔偿的请求权，从被害者或其法定代理人在知道受到了损害及加害人的时间起，3年内未行使该权利的，根据时效性规定而自行消失。从违法行为发生的时间起，经过20年时也同样。

① 设置时间限制

自己的规定
用N分钟进行说明

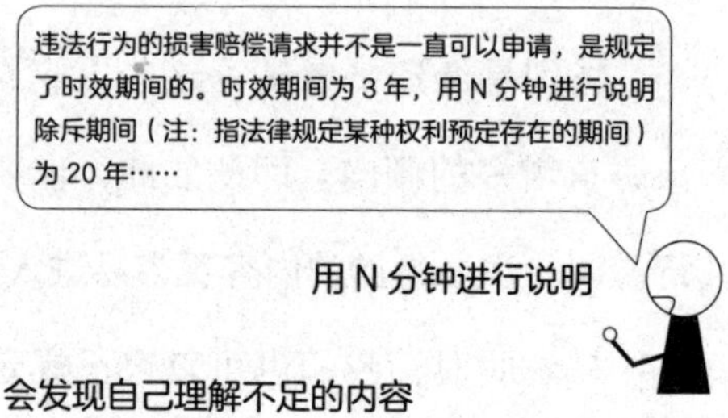

- 增加注意力
- 将无用的说明切掉
- 由于记得不牢固，则无法做到，会发现自己理解不足的内容

②只采用中学生也会懂的表述

自己的规定
只用浅显易懂的语言说明

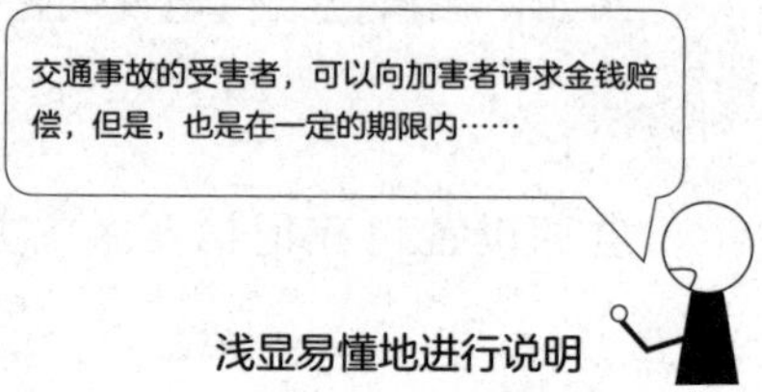

- 不可用抽象的语言搪塞过去
- 容易进入大脑浅显易懂地进行说明
- 能够用自己的语言来解说了

③列举具体事例

自己的规定
列举出N个具体事例

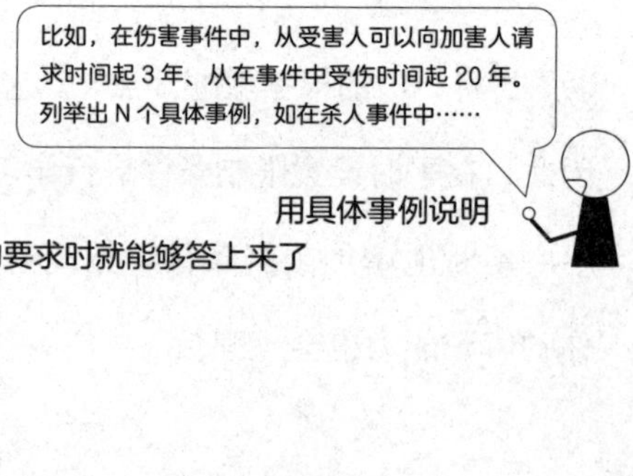

- 在考试中如果出现列举具体事例的要求时就能够答上来了

专栏三：记忆法要随机应变、灵活使用

我在本章第 82 页叙述过“信息要与理由一起记忆”。只要与理由一起记，即便是把关键信息忘掉了，也可以从理由出发，想出关键信息。

我在第 2 章的第 4 小节，还叙述过将“理由、背景”等相关信息用括号括起来，跳过去阅读（不进行记忆）的方法。

也许你会认为这些有点自相矛盾了。

不过，其实并没有矛盾，只是将不同信息分开记忆而已。只要看清记住这类信息是有用的，还是仅仅浪费了时间，如果是前者则要记住；若是后者，即跳过去阅读，需要这样去处理。

比如，无论怎样出题也能够回答的、牢固记忆的信息。关于此类信息，即便是教材中进行了详细解说，也不需要花费时间去深入阅读理由及其背景。应当用括号括起来，跳过去阅读。

相反地，假如存在明明做过很多遍习题，却总是出错的知识，则需要马上进行处理，应使其成为经常可以切实想到的牢固知识，连同其理由及背景一起记下来。

本书中介绍的记忆法也不一定在所有场合都能够使用。为了认清与各种不同的情况相符的记忆法，每天进行训练是非常

重要的。

训练也不是一件很难的事情。在每天的学习中，将本书中解说的记忆法一个一个地去应用，即可做到随机应变地分开使用了。加油吧！

第4章

不厌其烦地重复，这是聪明人的记忆方法

Lesson1 复习的时候，要顾及周边的相关内容反复学习

增加接触信息的次数

只要增加接触信息的次数，记忆就会得到强化，自然而然地再也不会忘记了。

问题是该如何增加接触信息的次数呢？单纯地增加学习时间，可以增加次数。可是，有的人受所处环境限制，无法采用“时海”战术，而且不管怎样一天也只有 24 个小时，时海战术的作用是非常有限的。

此外，如果单纯增加接触信息的次数，人们会觉得很厌烦。只学习眼前的教材就够困难的了，何况是将已经学过的内容复习两遍、三遍，这无疑是一种负担。

重要的是，在节约时间的同时，增加接触的频率。

只要过目即可

本章解说的是关于高效率重复的诀窍。

因此，在此我们改变一下思维方式。一说重复，你想到的是已经做过的题目要重新做，已经读过一遍的教材要返回到一开始重新熟读，自然会感觉是一种负担。但我要说的是，只要过目即可！只是这样重新复习一遍而已。

即便只用眼睛接触一下信息，多重复几遍也可以自然而然地记下来。你在无意识中，便记住了你在上下班或上下学路上的面包店、荞面店的名称，这就是你多次看见这些招牌的结果。只要过目即可。

只查看自己想要的信息还不能算结束

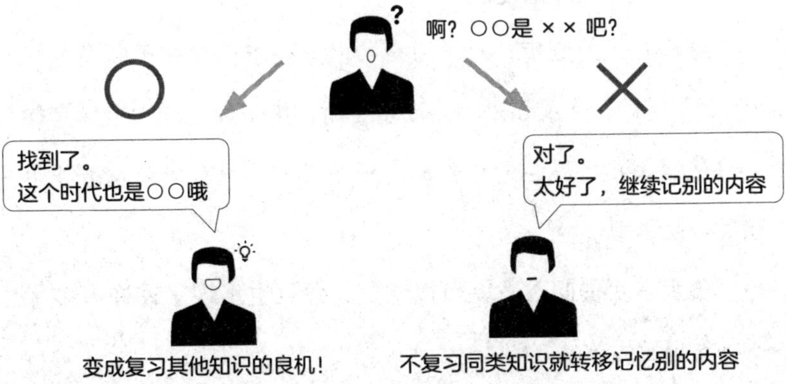

复习是一个绝佳的机会

为了增加用眼睛接触的次数，复习的时候也希望你可以多动动脑筋。那就是，在寻找你想要的信息时，要将视线移向周围。

假设你在学习中，有一个想要复习的信息。你在想“啊，以前学习的丰臣秀吉的海盗取缔令是在 1588 年吧”。此时，需要到有“海盗取缔令”知识的教材中去求证，并且还要将“在同一年，刀狩令也公布了”等知识也一并补充进去。

在补充知识时，不可只看你的目标内容。教材中还有除了你的目标内容之外的周边信息。其诀窍是，快速移动目光，做短暂停留，将知识简单地过一下。如果在周边信息的学习上花费过多的时间，则同样会变成时海战术。

不推荐电子产品的理由

随着时代的进步，对学习有帮助的电子产品在不断增加。2000 年前后，当我还是一名高中生时，电子词典即为最具有代表性的新事物。说起近年来的电子产品，再没有可超越智能手机的产品了吧。

要查东西去问谷歌就可以知道，并且也出现了许许多多优秀的学习应用软件。

可是，从“连同周边信息同时接触”的观点出发，我不建议使用电子词典以及智能手机等电子产品。

电子产品可以准确地搜索到你想要的信息，但是，其他相关的周边信息则显示得极少，自然难以看到周边信息了。也就是说，电子产品不适合重复学习时使用。

养成习惯之后，预想 + 核对答案

为了可以将视线转向周边信息，最好使用纸质书。

首先，搜索你想要查找的关键信息。

一找到，先预想一下那一页（或者相邻页）上写着什么内容。

预想出来后，将视线移向可能写有关键信息的地方，核对一下答案，确认书上写的内容与自己预想的是否吻合。

在学习时，开动脑筋以主动的姿态专心致志地进行学习是极为有效的。而复习时也一样，习惯之后，不只是要选取信息进行阅读，更要开动脑筋去捕捉信息。

预想 + 核对答案

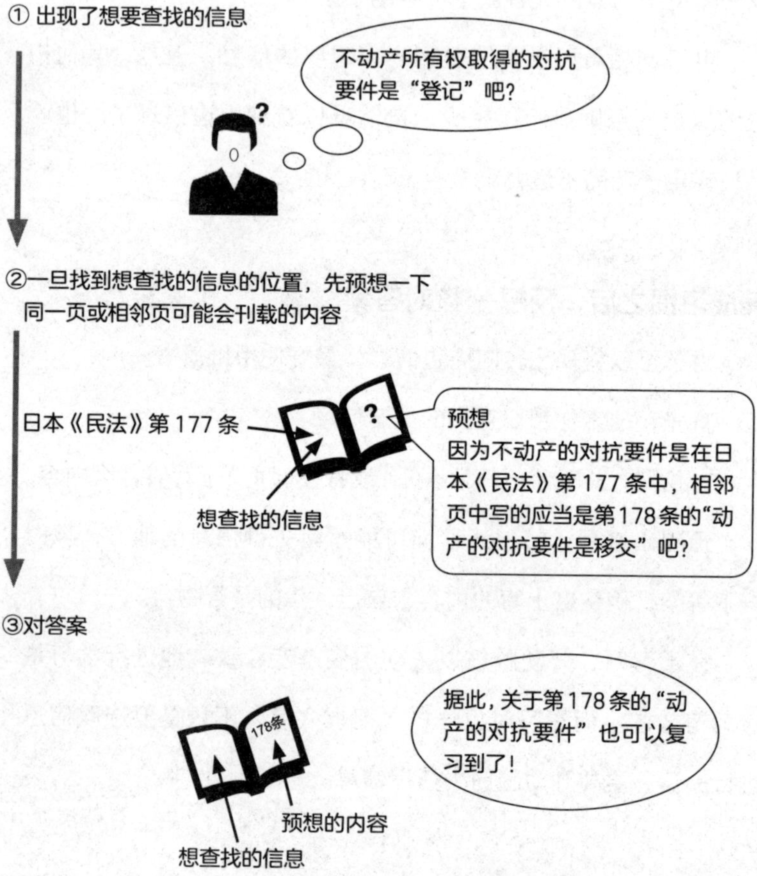

主动地开动脑筋的这种复习方法容易巩固记忆，效率也颇高!

Lesson2　在大脑中即时重复的方法

复习可以拉开时间间隔进行吗？

你认为“复习可以拉开时间间隔进行”吗？比如，复习现在正在学习的知识，一般都会过一两周后。拉开时间间隔进行，认为这就是复习的人大有人在吧。

但是，复习的目的在于增加接触信息的次数，强化还未曾牢固的记忆。反过来说，增加访问信息次数的行为，即为优秀的复习，应当将这种方法应用到你的日常学习中。这是我向大家提出的建议。

应当提高访问信息的频率，向大家推荐在第 2 章第 6 节中讲述的“即时重复”。现在正在学习的知识，一定要做到即时复习。

建议即时复习

即时复习的方法并没有那么难。

首先，一旦听到（或读到）想要记住的信息，就要在大脑中反复回味。在脑海里，将关键词如同回声似的回想2次或3次。

比如，学习《民法》中的时效制度，听了“如果善意无过失，则10年时效成立”的说明后，请随听随在脑海里念叨“善意无过失10年、善意无过失10年、善意无过失10年……”

诀窍是将反复回味的信息压缩到单个词语水平（或接近单个词语的表述）。

如果这样做，在极其短暂的间隙内，即可反复回味。比如，你在读书学习中，发现话题的内容发生变化的瞬间，请一定要注意设置一个时间上的间隔，专门用来复习。

翻书页的时间也一样。翻动书页的几秒钟时间，也不能让它白白浪费掉。只要有几秒钟，之前阅读的书页中的关键词也可以重复2次或3次。

像这样开动大脑学习，能够使你的知识得到强化。

希望你平时就能以主动的态度去学习。

此外，在尚未养成习惯时，即便是只将一个词语反复回味也可以。总之，此法的目的在于增加接触信息的次数，让信息变得容易记忆。

即时重复词语的方法

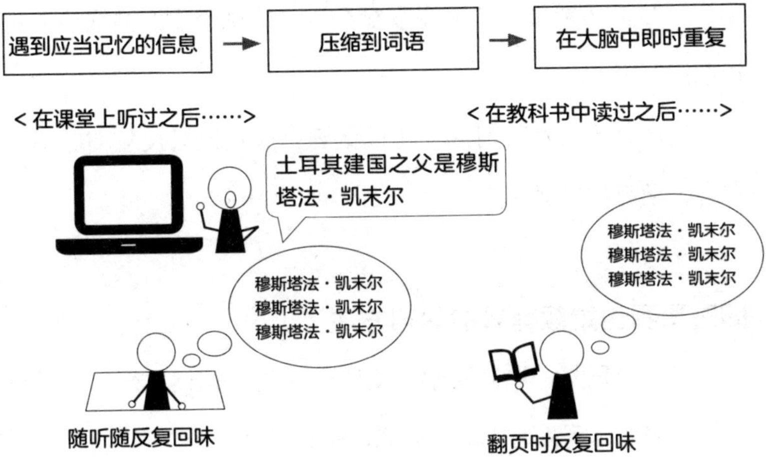

即时重复的诀窍

即时重复除反复回味之外也有其他方法。

不仅可以反复回味刚刚学过的知识，而且还可以在大脑中进行即时解说。一边解说，一边在大脑中整理知识，使记忆变得容易起来。

不过，即便是解说，终归是有效地利用短暂的间隙进行学习，只可做一个简单的说明。

为了即使在那样的情况下也能够说明，事先确定好说明模式为佳。我向大家推荐的是，事先确定为“说明单个词语的意思”。脑海里浮现出“海盗取缔令”，就说明“海盗取缔令是指□□”。

这样，不仅在短时间内可以做到，而且比只反复回味词语本身，学习效果更佳。

即时重看也是颇有效的学习方法

与马上重复、说明刚刚所见所闻的信息相比，还有一种更为简单的即时重复的方法。那就是即时重看。

在翻动书页将你的视线转移到下一页之前，马上把你刚刚读过的书页的重要部分重新看一遍。

为了可以做到马上把重要的部分重新看一遍，事前的准备是非常重要的。在你认为重要的部分，用记号笔等做上标记。然而，哪个部分重要呢？因科目及考试目标等不同，重要部分也各不相同。

从这一角度看，寻找重要的部分本身也是一个非常有效的学习方法。在你寻找重要部分的过程中，自然而然地会开动大脑。寻找需要重新记忆的内容在哪里，也是种学习，这就是“主动性的学习姿态”。

即时说明与即时重看

即时说明 可以通过即时重复的方式去整理知识

事先确定好说明的模式

示例　·说明词语的意思
　　　·指出与哪个人物有关等

即时重看 简单地增加接触信息的次数

在重新看的对象上做个记号

示例　·如果是日本史，即为人名、制度名称
　　　·如果是法律，即为要件、效果等

Lesson3 5分钟→40分钟→5分钟的迷你反复学习法

建立学习的节奏

下面我们换一下话题。为了做到不间断地学习，节奏是很重要的。良好的节奏学习，会使你轻松面对教科书，形成良好的学习习惯，使教科书中的信息化为知识这一武器。

学习的节奏是指用多少分钟学习，再插入多少分钟的休息时间，这样的学习步调。

你在以怎样的节奏进行学习呢？也许你会说反正就是学习，学习累了，休息。如果是这样，则不能说你是在以良好的节奏学习。

首先，我向大家特别推荐的是考试前的一段时间的学习节奏。那就是，根据正式考试时间安排的学习节奏。

若在考试之前，则将考试时间作为一个学习时间段

比如，你要参加资格考试，《民法》的考试为 90 分钟，休息 10 分钟之后，接下来《刑法》的考试时间为 60 分钟，那在平时的学习中也要根据考试时间，设定为学习《民法》90 分钟→休息 10 分钟→学习《刑法》60 分钟。

通过这样的节奏去学习，可以使身体和大脑适应正式考试时对时间的感觉。如此一来，就会减少“时间到了，却还有完全没有着手做的题目”等令人懊恼的事情发生。

此外，考试时间的长短显示的是该考试科目的重要程度，因此，配合考试时间去学习，则可以采取重要的内容全部要学到，不重要的内容则不花费过多时间的形式，进行均衡地学习。

用和考试相同的时间分配学习

示例　如果是 TOEIC（托业）考试的学习

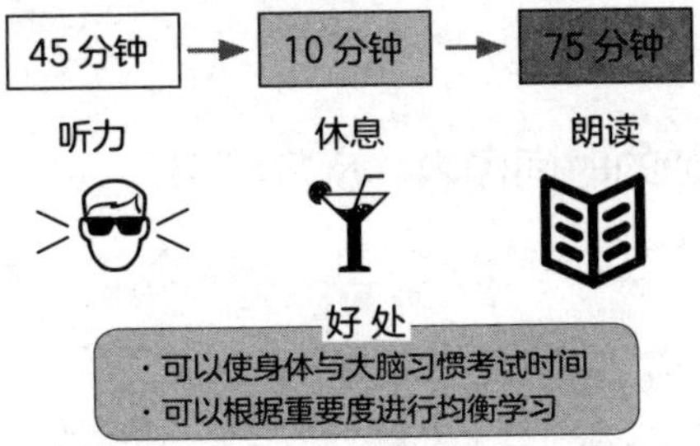

不过，平时建议使用 50 分钟学习→10 分钟休息→50 分钟学习的节奏进行循环学习为好！

平时的学习以 50 分钟为一个时间段

根据考试时间学习有一个弱点。因为这是依据考试来的，如果考试时间很长，将该时间作为一个学习段的话，人会感到非常疲倦，再继续往下学就会很困难了。刚才讲到在考试之前的一段时间特别推荐，就是这个原因。

而在平时的学习中，则建议用 50 分钟学习→ 10 分钟休息→ 50 分钟学习的节奏来学习为佳。

因为 50 分钟是与初中和高中的上课时间相同的时间，身体与大脑也应早已习惯了这种学习时间。

在日常的学习中，学习 50 分钟，休息一会儿，再学习 50 分钟，再休息，如此进行反复（学习告一段落应当是 50 分钟，不过，有时会是 55 分钟，可以适当增加或减少一点儿时间）。可以持续学习的节奏是最理想的节奏。

在一个 50 分钟的时间段内，反复学习

重复接触信息，直到记住为止。不管怎样，反复学习是非常重要的，这个我已经讲过好多遍了。

最重要的是，如果有重复的机会，就不要浪费，须不停地重复。

无论在什么样的情况下，重复的机会应当是由自己积极去创造的。而且，只要在学习上多动点儿脑筋，也是完全能够办到的。

在 50 分钟的日常学习中，积极地、反复地进行学习。将反复学习的 50 分钟分为 3 个组成部分（参照下一页图示）。

在 50 分钟中，核心学习时间为 40 分钟。首先，将这 40 分钟用于普通的学习。

40 分钟的学习结束后，将刚刚学完的内容用 5 分钟时间进行一次迷你复习。

在 40 分钟内，把重要的部分用记号笔涂色，或贴上标签，预先做好马上可以复习的准备。

这一行为采取的依然是主动的姿态。决定了马上复习之后，必须明确学习时的复习对象，因此，自然而然地会养成一边搜寻重要之处一边学习的好习惯。

现在，我们返回原来的话题。

进行 40 分钟的学习与 5 分钟的复习，休息 10 分钟，进行下一内容的学习前 5 分钟，再将前面学习过的内容复习一次。40 分钟学习→ 5 分钟复习→休息→ 5 分钟复习→用 40 分钟时间学习下一单元→ 5 分钟复习……采用这一要领进行学习。

只要像这样进行学习，你可以在短时间内重复学习。在知识进入大脑之前，必须注意要彻底地反复学习。

懂得了合理学习的节奏后，请你将它应用到日常的学习中。只要节奏良好，即使是反复学习，你也会不以为苦。

一个时间段（50 分钟）的使用方法

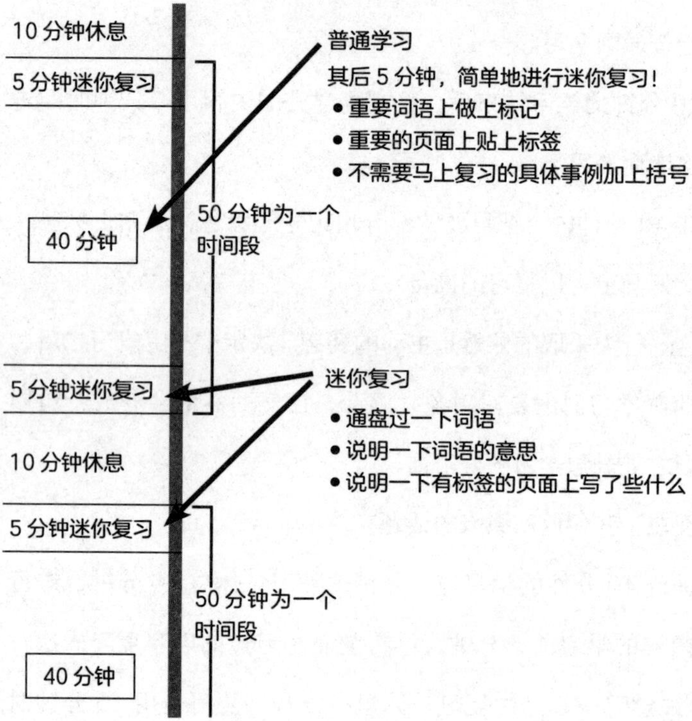

Lesson4　经常重复的信息、偶然重复的信息

重复、重复、重复……

重复次数越多，信息越会在大脑中作为牢固的知识而积存下来。因此，重复学习是非常重要的，希望你在平时的学习中，要有意识地去重复。

优秀之人几乎都可以说是重复学习的高手。只看一遍或两遍教材，即可记住的人几乎都没有。

信息都是在三遍、四遍重复的过程中，在大脑中固定下来的。优秀之人当然会重复学习，而且非常擅长。说他们是重复学习的高手，一点儿也不过分。

在这里，我们浏览一下作为反面教材的非重复学习高手的重复方法。

以相同频率重复的错误行为

不擅长重复的人，将所有的信息全部用相同的频率进行重复。

比如，习题集中有 A、B、C、D、E 题目。这类人会反复地埋头去做该习题集中的题目，首先，按照从 A 到 E 的顺序去解答，全部完成之后，再返回到 A 题。而且，重新解答一遍后，又返回到 A……通过这样的方式，不想任何办法，反复循环。

因为这样的循环，也确实可以记住，可是，若如此做下去，无论有多少时间也不够。这种单纯循环式重复学习虽然也有效，但是，它并非高效率。

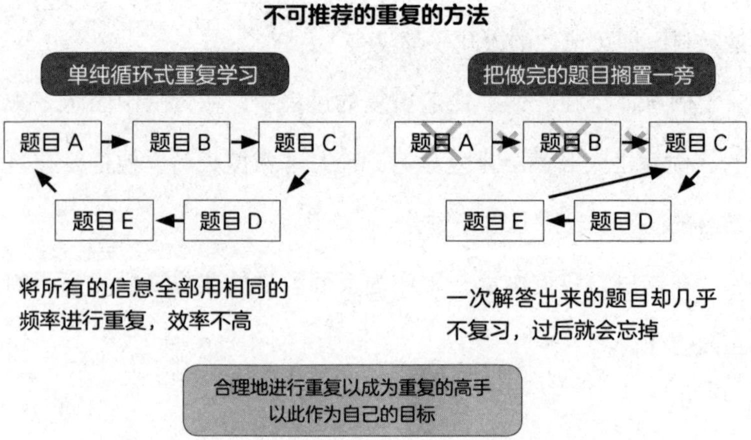

做出来的题目却不重复的错误行为

我再给大家介绍另一种不擅长重复的方法。

既然已经知道了对于所有的问题，用相同的频率进行重复，有多少时间也不够，有的人则决定“正因为如此，自己已经做出来的题目就不再重复解答了！”

比如，与刚才的事例相同，在解答 A、B、C、D、E 题目时，第一遍中，A 与 B 的答案是正确的，因此，第二遍只致力于 C、D、E 的复习方法。这种重复方法似乎是合乎情理的。因为不管怎么说 A 与 B 是已经解答出来的题目了……

然而，这种学习方法也是不可行的。为什么呢？因为没有考虑到人是会遗忘的。即便是 A 与 B，如果不再次接触，也会忘掉。不重复解答正确的题目，一看之下是高效率的重复方法，其实是无效的。

有效且高效的重复方法

最理想的重复方法是并不会花费很多时间，却可以将所有的信息重复好多好多遍的学习方法。

在此我提出一个建议，即不会做的题目要认真复习，会做的题目复习到不会忘掉的程度就可以了。

反复学习的目的大致上说来，即是为了记忆。但重复又因需要记忆的信息的不同而不同。一是为了记住现在没有记住的信息、未能解出来的题目等，为了今后可以记住而针对这些信息进行的重复；二是为了不忘掉现在已经记住的信息、解出来的题目等，而进行的重复。

结果你已经明白了，那就是不会做的题目要认真重复，会做的题目则要重复到不会忘记的程度。

从这里开始，我要讲的是具体的学习方法。

首先，将信息分为已经记住的信息与未记住的信息。

分类的标准是你需要用到的信息能否马上想得起来。若是你处于似乎知道答案却又不能肯定的状态之下，那就不能说是记住了。如果是参加资格考试，即在考场上就会想不起来知识点；如果是参加商务活动，即在正式演示自己的方案以及正在进行商业谈判的场景下，就不能流畅地讲出来所需术语。

为了一眼即可识别出需要记忆的信息与不需要记忆的信息，做一下标记即可。如果是专注于做习题集，则加上“○”（解出来的）与“×”（未解出来的）为佳。如果是教科书或参考书，则只将未记住的部分，用记号笔做一个醒目的标记为好。

复习的时候，没有记住的地方每次都要重复，对于已经记住的部分每 3 次只重复 1 次即可。这种方法可以将全部问题都记住，而无一遗漏，是最合理的方法。

合理的重复方法

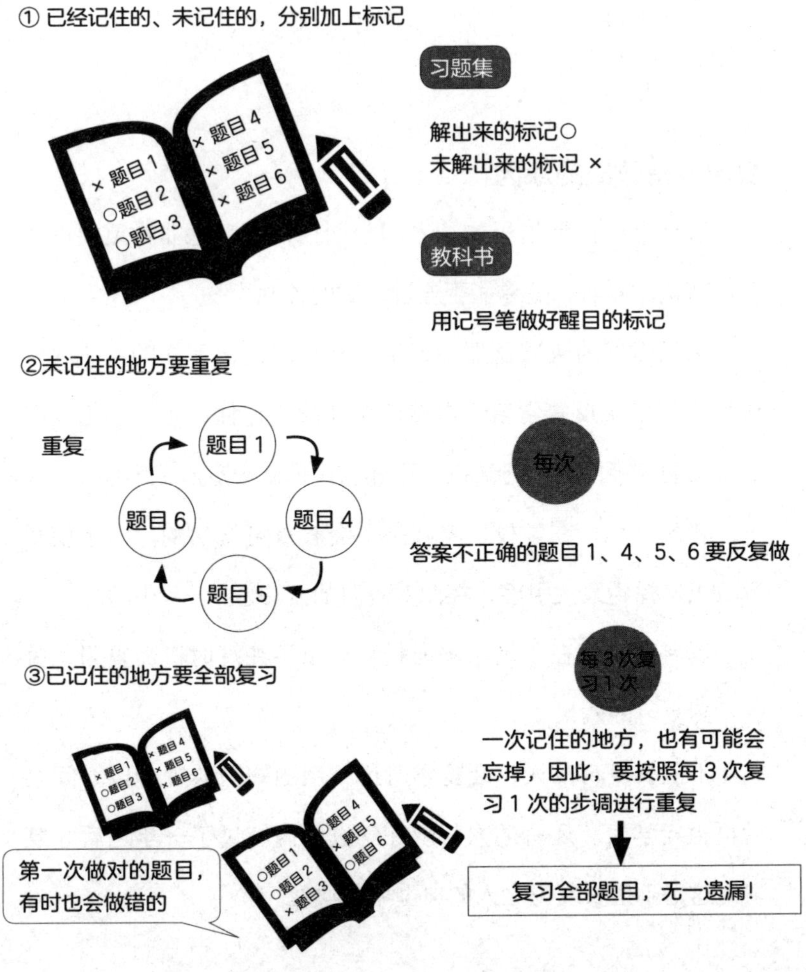

Lesson5 在遗忘前重新记忆是最重要的法则

复习没有效果的原因

若是已经读到这里的读者即会明白，复习是非常重要的，有没有认真复习，是你能否通过考试的关键。

深感困惑的应该是那些无论怎样复习也记不住的人。尽管认为只要多次反复学习，自然而然地就会记住，可事实上，有的人明明已经复习了无数遍，不知道为什么却总是记不住。

转念一想，在学校，老师是不会教复习方法的。为了使学习效果发挥到最大限度，在此对复习的方法进行一个说明。

复习的诀窍在于复习的时机。如果不注意时机而复习，就收不到复习的效果。

不擅长复习的人，会将学习过一遍的知识放置一段时间之后再重新学习。还有的人将现在学过的内容过了一年之后才复习，这是不擅长复习之人的典型中的典型。

糟糕的是，复习的时机太晚了。知识已经从大脑中消失之后的复习，效果极低。

知识消失之后的复习是毫无意义的。因为以前学过的知识全部忘记了，复习已非“重复学习”，而是已下降为“记忆第一次见到的信息”的行为了。这样，复习自然已不能称为“复习”了。因为所谓的复习，是指将已经学过的内容深深地印在脑海中的一种工作。

无效的复习与有效的复习

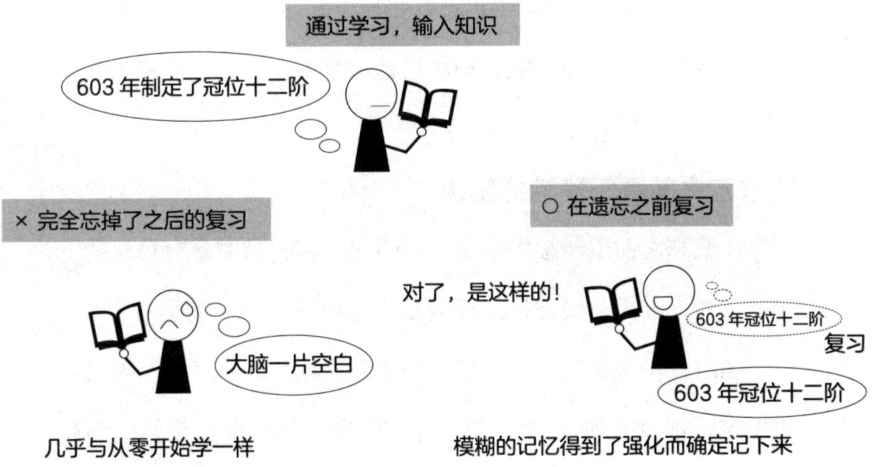

擅长学习的人

有效复习的时机是在“遗忘之前”。在遗忘之前去重新接触是非常重要的。

因为重要而重复，复习是将已经学过的知识进行重新学习，使知识深深地铭记于心的工作。

知识只有在大脑中进入了“已经学过”的状态，才能够复习。

当然，复习必须在知识消失之前进行。

学习优秀之人认为在遗忘之前重新接触信息是极其自然之事。通过这种方式，将知识准确地输入大脑中。

经常为无论怎样复习也记不住而发愁的人，请重新审视一下复习的时机。因为你在忘掉之后才“复习”的可能性相当高。

在遗忘之前重新接触的秘诀

在遗忘之前重新接触信息，以强化记忆，其中是有秘诀的。

首先，一定要谨记把规律的复习时机导入每天的学习中。

学习告一段落后，“在 24 小时后复习”，把这个作为自己的规定。根据众所周知的艾宾浩斯遗忘曲线，现在记住的信息会在 24 小时后忘掉 74%，即可明白 24 小时是记忆最快消失的时间带。在此期间，重新接触信息，记忆会一下子得到强化。

其次，应当复习的时机是 1 周后，再次是 1 个月后。这里将复习时间定为是 1 周或 1 个月，比 5 天后或 20 天后执行起来更容易一些。之所以将复习的间隔逐渐加大，是因为随着复习次数的增加，遗忘的时间会变得越来越长。

分为擅长的科目与不擅长的科目

我主张 24 小时（1 天）后、1 周后、1 个月后的复习方法，只要应用这些方法，学习效果就会得到进一步提升。

所谓应用，并不是将所有科目统一以规范化步调进行复习，而是按照擅长科目与不擅长科目，调整复习的时机。一方面，因为擅长的科目容易停在记忆中，1 天后复习完毕，以后的复习即便是 10 天后，再下一次 45 天后，这样重复也颇具效果。另一方面，不擅长的科目，1 天后、3 天后、1 周后、2 周后，应当像这样缩短时间间隔去复习。

首先，请规范化地分别在 1 天后、1 周后、1 个月后进行复习。习以为常之后，可逐步改变学习方式，将复习的时机按照每一科目及单元分别合理安排，进行复习。

只要习惯了与你相适合的复习方法，你的学习效果就会极大提升。

艾宾浩斯的遗忘曲线

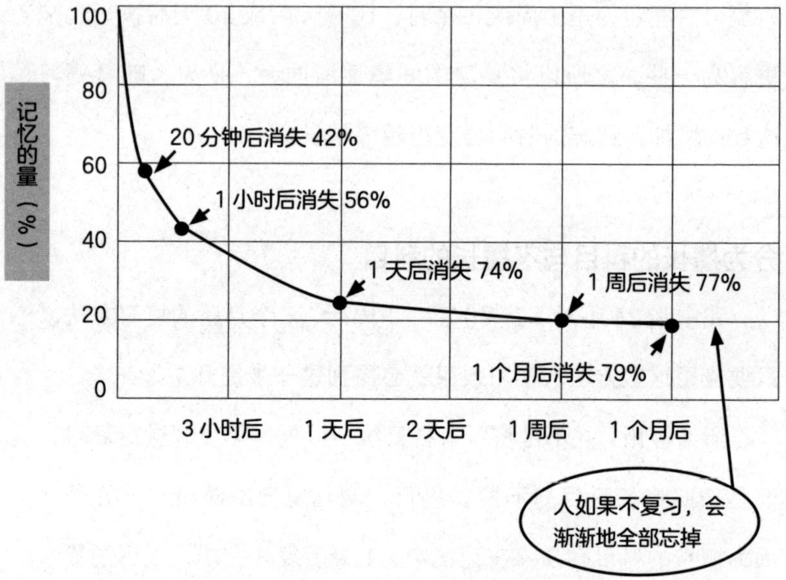

100
80
60
40
20
0
记忆的量（%）
20 分钟后消失 42%
1 小时后消失 56%
1 天后消失 74%
1 周后消失 77%
1 个月后消失 79%
3 小时后
1 天后
2 天后
1 周后
1 个月后
人如果不复习，会
渐渐地全部忘掉

复习的时机

原则上是 24 小时后、1 周后、1 个月后

擅长的科目

复习 1	1 天后	为了掌握知识，24 小时后复习
复习 2	10 天后	擅长科目的信息即便稍稍隔开一些时间复习也可以记住
复习 3	45 天后	擅长的科目即便隔开一段时间也可以保持记忆，45 天后复习

不擅长的科目

复习 1	1 天后	为了掌握知识，24 小时后复习
复习 2	3 天后	不擅长科目的信息很难记忆，复习时间间隔要短，3 天后进行复习
复习 3	1 周后	1 周后再复习一遍，使记忆巩固下来

专栏四：为了通过难度大的考试所需要的重复次数

只有重复才可以强化记忆，因此，重复学习是极其重要的。

然而，说到重复学习，经常有考生这样问我：

“我希望明年可以通过考试，重复几次好呢？”

重复的次数不能一概而论。为了实现熟记知识的目的，要多多重复。

而我为了通过一般来说难以通过的司法代书人及注册会计师考试，重复的次数，事实上是真的数也数不清。

在准备连细微之处都要考到的司法代书人考试时，我反复做过去的考题，每个题目至少解答过 10 次。因科目及单元不同，有的甚至做过 20 ~ 30 次。反复做 10 次大约 30 年的真题，真是一项费力的工作，但如果是真心想要通过难度大的考试，就必须以这样的劲头去学习。

能够重复如此之多的次数，当然是开动脑筋的结果。正如在本书中介绍的那样，能做出来的题目每 3 次只重复 1 次即可，若是教科书，不需要重复的部分加上括号忽略掉，像这样想尽各种办法去重复，重复几十次自然也是可能的。

请你也努力去重复学习教材，将知识变成自己的东西。也有极少数人主张“即使不重复也能够记住”，那是大脑结构与众不同之人的事情。包括我，拥有普通大脑的人，都是通过反复接触信息的方式，不断强化记忆的。

第5章

通过考试的记忆技巧

Lesson1 无与伦比的首字输入法

记忆列举出来的事项

有时，你想要记忆的知识包含很多条信息。比如，某一项法律的某一条款会有多个必要条件，而且有时候必须将它们全部都记下来。

在消费税法的学习中，要熟记征税的 3 个必要条件。征税的 3 个必要条件是指“企业家进行企业活动而从事的交易；以得到对等回报而进行的交易；符合资产的转让而进行的交易”。

为了将这样的信息牢固地记住，该怎样去记才好呢？

在这里我给大家介绍的是，能准确地熟记列举事项，而且可以无一遗漏地全部想出来的选取“头文字”而进行记忆的方法。

选取第一个文字而进行熟记

其要领并不难。

如果是刚才的消费税征税的 3 个必要条件，可以直截了当地去记忆“企以符”。进而，为了更有效地记忆，要发出声音来记几遍，即可以留下印象。像念经似的念诵“事对资、事对资、事对资……”

万一在考试中，出了征税的 3 个必要条件的题目，将记住的头文字写在试卷的一个角上。在回想详细的内容时，一边看着写下的“事对资”，一边从第一个文字开始一个一个地往下想。由于各个首字成为想出其他内容的契机，可以说首字输入法是先看准再到输出的熟记法。请在你自己的学习中也来试一试。

用首字输入法记忆《五条誓文》

① 选取想要记忆信息的首字

《五条誓文》

一 **广**兴会议，万机决于公论。
二 **上**下一心，盛展经纶。
三 **官**武一途以至庶民，各遂其志，毋使人心倦怠。
四 **破**除旧有之陋习，一本天地之公道。
五 **求**知识于世界，大振日本之基业。

② 发出声音背诵选取出来的首字

在考试中……

③把首字记在试卷上，成为回想的契机

题目
请回答《五条誓文》
因为“广”是“广兴会议……”
的“广”……

Lesson2　记忆个数的技巧

熟记列举事项的方法

在记忆逐条罗列的信息时，除了前一种的首字输入法以外，还有一种希望你可以有效利用的熟记法。那就是记忆个数的方法，你可以将它与首字输入法配合使用。

这种记忆方法极其简单。在记忆列举事项的内容时，要记住列举事项的个数。刚才举出的事例中，提到消费税的征税必要条件有 3 个，在分别掌握各个必要条件的具体内容之前，先记住“征税必要条件有 3 个”。详细内容在记住个数之后再熟记即可。

这样做，可以防止在需要输出的情况下出现麻烦事。那就是，在回想的时候，漏掉个别好不容易记住的知识。

防止记忆的遗漏

明明全部必要条件都记住了，可在考场上只想起了 3 个中的 2 个，即以为记忆点已经全了。本身就是为考试而理应背熟的要点到考试结束后才发觉并没有记全。这些即为可怕的记忆的遗漏。

为了防止遗漏，一定要记住原本必须想出来的信息究竟有几个，也就是说熟记个数是极其有效的。只要把握住“全部的必要条件共有 3 个！”那么，把最后一个漏掉的可能性会相当低。

进而，记忆个数可以与首字输入法并用，列举事项也要熟记下来。这样一来，不仅不会遗漏，而且能够准确地想出来。

用首字 + 个数进行记忆

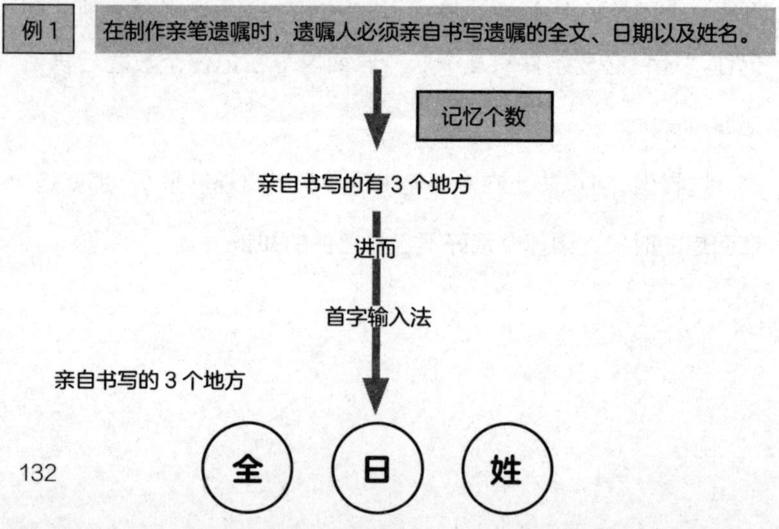

例 2

联合国安全理事会的非常任理事国（2016 年）有：马来西亚、日本、安哥拉、埃及、塞内加尔、委内瑞拉、乌拉圭、新西兰、西班牙、乌克兰。

↓ 记忆个数

非常任理事国有 10 个国家

进而

首字输入法

↓

非常任理事国有 10 个国家

马日安—埃塞委乌—新西乌

用适当的长度隔开，比较容易记忆

Lesson3 用联想游戏多次接触信息

重复的次数是怎样增加的呢

为了牢固记住，必须多次接触信息，强化记忆。

问题是怎样接触信息，增加次数才好呢？

尤其是作为一名社会人，一边工作一边学习的人更是没有时间，如果多次复习范围很广的内容，会感到很困难。

我为大家推荐一种联想游戏记忆法。使用这一方法，可以在进行现在的学习的同时，复习别的单元、科目。

在遇到信息时，通过制作联想游戏，还可以重新接触除了现在学习的内容之外的信息。其结果是，记忆在不断地被强化。

尽可能进行联想，与知识联系起来

比如，你正在学习《民法》中的继承法，遇到了“半血亲关系的兄弟姐妹继承的财产份额是全血亲关系的兄弟姐妹的二分之一”这一信息。

那么，从这里开始联想。

请从信息中选取一个词语，再从这个词语中联想到其他信息。以这样的方法，将信息联系起来。

不要只局限于同一单元及科目等，只要是你可以想到的信息，就一直联想下去，把这些联想到的信息连接在一起，可以复习到非常广泛的知识。

联想游戏熟记法

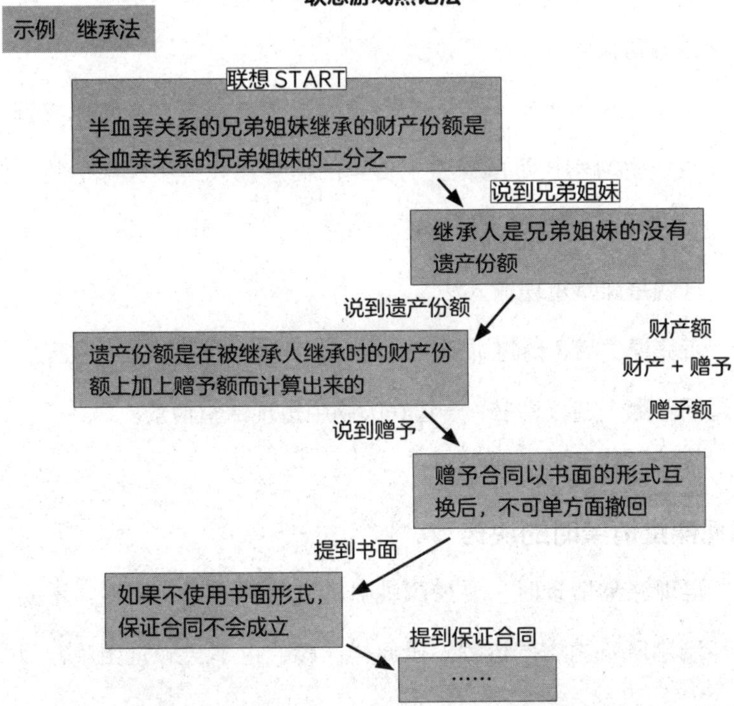

Lesson4 在大脑中再现课堂情景，进行记忆

使听到的信息固定下来

尽管有啰唆之嫌，我还是要强调接触信息的次数越多，记忆越会得到强化。

在此，我为大家介绍一个有效的记忆方法，它会使你在资格学校或实习学校等的课堂上得到的信息在大脑中深深地扎下根来。

这就是课堂重现输入法。

听完课之后，请将讲师讲的内容在大脑中进行整理、重现。一边重新翻一遍教科书，一边在大脑中重现课堂情景。

再现课堂情景时的诀窍

再现课堂情景时，要按照讲师解说的顺序一一回顾。不要破坏刚刚所听内容的流程。照原样回顾，也不会感觉困难，而

且一模一样的再现，也是一种重复。

此外，还必须将注意力集中在讲义上讲解十分具体的部分，要意识到“讲师刻意拨出时间来解说的地方在此！”

如果在某个地方无法重现当时的讲解，而被绊住了，就要将那个部分用记号笔涂色，或贴上标签等，做好记号。绊住即是记忆没有巩固的证明，要把这个部分作为下一次重点复习的对象。

而且，最后请在重现课堂情景时尽量发出声音来。因为只有动动嘴巴，发出声音来，信息才会给人留下深刻的印象。

重现课堂情景，就是自己为自己授课，记忆会越来越得到强化。

课堂再现输入法

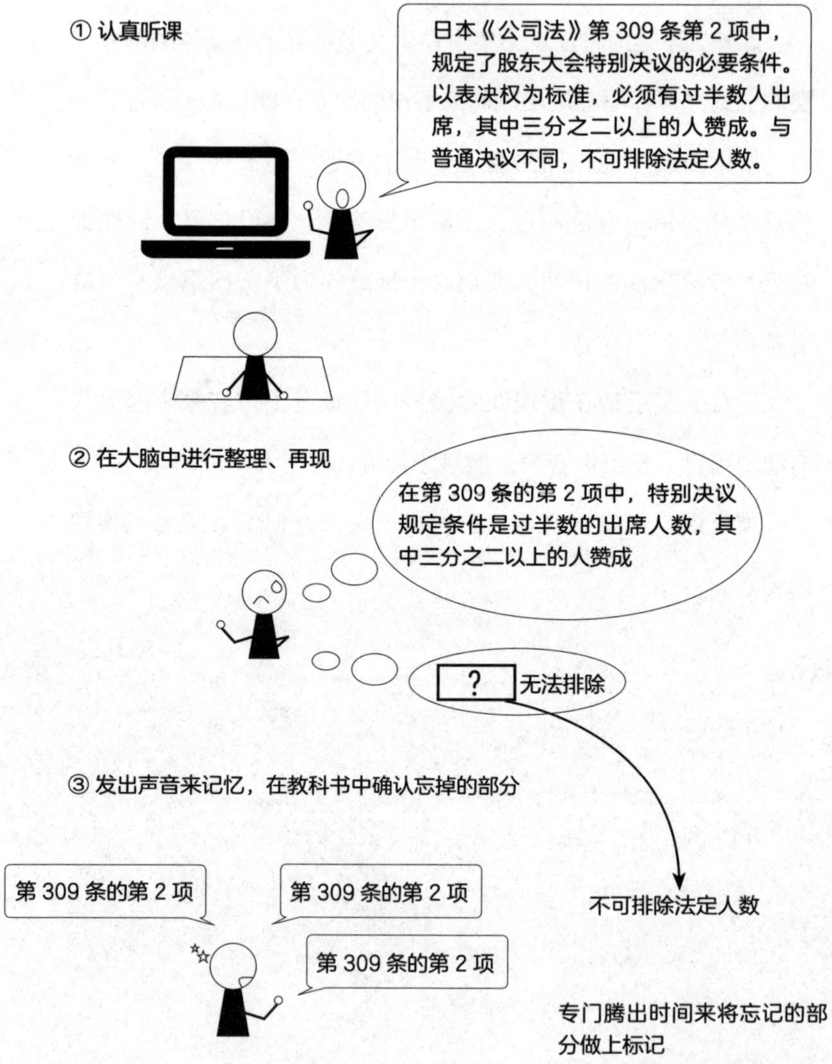
① 认真听课
日本《公司法》第 309 条第 2 项中，规定了股东大会特别决议的必要条件。以表决权为标准，必须有过半数人出席，其中三分之二以上的人赞成。与普通决议不同，不可排除法定人数。
② 在大脑中进行整理、再现
在第 309 条的第 2 项中，特别决议规定条件是过半数的出席人数，其中三分之二以上的人赞成
？
无法排除
③ 发出声音来记忆，在教科书中确认忘掉的部分
第 309 条的第 2 项
第 309 条的第 2 项
第 309 条的第 2 项
不可排除法定人数
专门腾出时间来将忘记的部分做上标记

Lesson5　利用讲解可以记忆更多的东西

所教的内容即为学习的内容

给别人讲解过知识的人都明白，通过教授别人，知识也会在自己的大脑中扎下根来。条理分明地讲解会让自己对知识加深理解，留下强烈的印象。

在此我推荐的是，以小组的形式确定好各自分担的科目，彼此给对方进行讲解。在给别人讲解的过程中，自己关于这一科目的理解就会更加透彻。

如果你身边有与你抱着相同目标的考生，在乘车时或午餐时间，就可以彼此给对方进行讲解。

而且，只要基于这一规则进行相互讲解，就会提升记忆的效果。

提升讲解效果的秘诀

首先，我们制定一个可以自由提问的规则。不是单单地由一方进行说明或倾听，而是要创建出一个双向的交流方式。因为这样做，进行讲解的一方也会认识到自己理解不足的地方。

也请记下回答不上来的问题，在下一次讲解时一定要弄明白，而且也要采取给别人讲解的方式，加深记忆。

此外，如果设定严格的时间限制进行讲解，会更有效果。只有进行在限定的时间内整理信息，并传达给对方的训练，才能在紧急时刻毫不慌张。

讲解规则

① 以小组的形式确定各自分担的内容

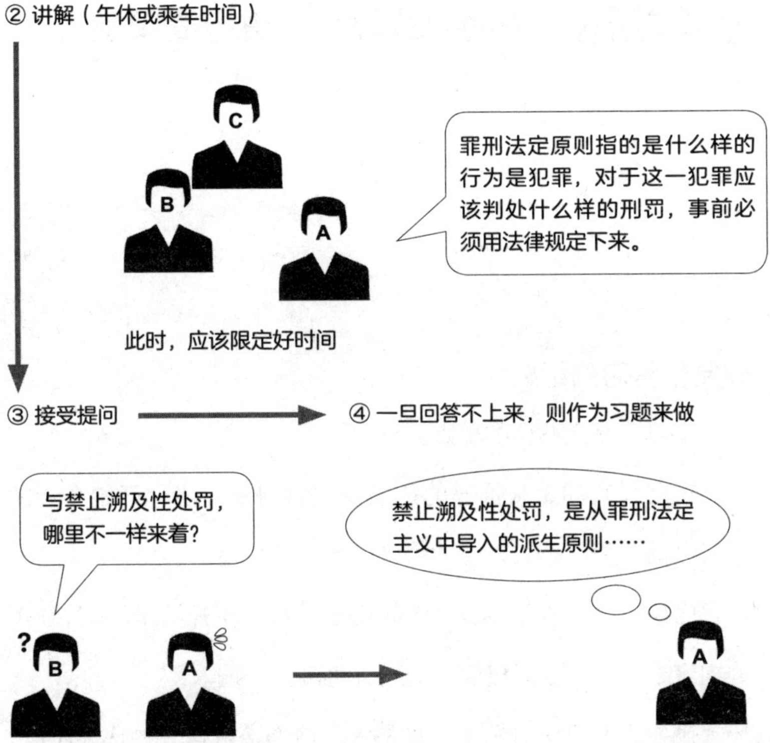
② 讲解（午休或乘车时间）
C
B
A
罪刑法定原则指的是什么样的行为是犯罪，对于这一犯罪应该判处什么样的刑罚，事前必须用法律规定下来。
此时，应该限定好时间
③ 接受提问
④ 一旦回答不上来，则作为习题来做
与禁止溯及性处罚，哪里不一样来着?
?
B
A
禁止溯及性处罚，是从罪刑法定主义中导入的派生原则……
A

Lesson6 用摘要式复习法进行简单重复

强制性复习的组成

复习要掌握熟记的要点。

在此，我向大家推荐的是摘要式复习法。当你开始今天的学习之前，要将昨天学过的内容进行简单复习。

比如，今天你要从第 30 页开始学起。在开始学习第 30 页的内容之前，将昨天已学过的内容再浏览一遍。

摘要式复习法自始至终只是为了增加接触信息的次数而已。今天学习的主要内容是从现在开始学习的内容（也就是说，第 30 页及之后的内容）。摘要式复习的部分必须在短时间内全部结束。

可以在短时间内结束复习的诀窍

为了在短时间内结束复习，训练是非常重要的。在前一天学习时，事先选取第二天应当进行摘要式复习的内容。选择易出题的地方以及不可忘掉的信息。

请一定要做到最重要的地方一目了然。比如，贴上标签，事先用自己规定的复习对象记号笔涂色等。

在复习的时候，贴了标签及做了记号的地方可以一眼看到。这样既可以节约时间，也可以达到复习的效果。

摘要式复习法

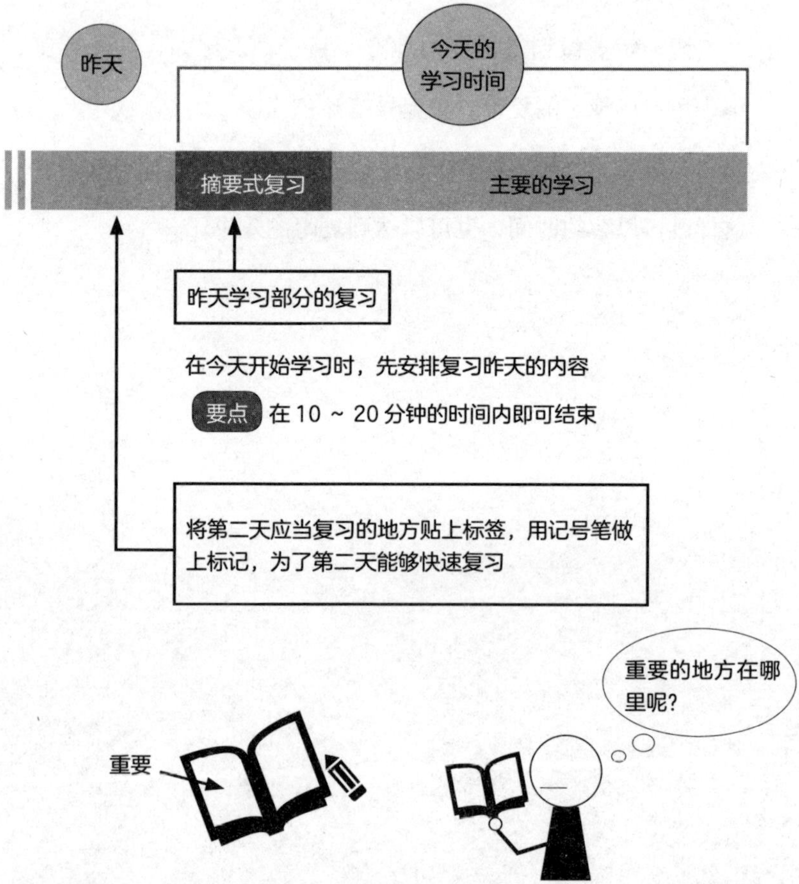

看到标签与标记的地方，即会想起前一天学过的知识

Lesson7 思考哪里出错了

从一个问题中掌握多个信息

学习时间并不是无限的，必须利用有限的时间去记忆更多的信息。

如果在时间有限的环境下学习，就应当从特定的信息来源（教材）中学会尽可能多的知识。

解答出一个问题，只掌握了一个知识点则是效率最低的。要从一个问题中，找到 2 个或 3 个信息。

只纠正错误是不行的

比如，在选择正确选项的题目中，有一个“1773 年 12 月 16 日，美国发表《独立宣言》”的选项。

很多人看到这一选项，只判断“×”，就往下继续学习。在考场上是可以的，但是在平时的学习中，为了拓展知识面，要再多下点儿功夫。

至少也要找出错误的部分，替换成正确的内容。

其次，要考虑出题人会怎样与考题挂钩。假如是这一选项，错误的地方（正确答案是 1776 年 7 月 4 日）在“1773 年 12 月 16 日”这个部分，这就是出题人想要与考题挂钩的地方。这一天发生的是“波士顿倾茶事件”。

因此，为了进一步拓宽知识面，也要说明一下“波士顿倾茶事件”的起因、经过、结果。这样做，可以从一个信息出发进行联想，学到其他的知识。

有效利用错误答案记忆法

问题　请选择一个正确的答案。

①股份公司成立生效后，必须马上办理公司成立的登记
②股份公司的章程中，记载有股东的姓名及住址
③在股份公司成立时，关于“实物投资”事项，是章程中的绝对性记载事项
④在股份公司成立中，章程需要得到公证人的认证

这样是不可以结束的!

须确认与不正确答案相关的要点，将其变成知识

① 股份公司成立生效后，必须马上办理公司成立的登记

→ 办理成立登记，发生效力

② 股份公司的章程中，记载有股东的姓名及住址

→ 不记载，与控股公司不一样

③ 在股份公司成立时，关于“实物投资”事项，是章程中的绝对性记载事项

→ 相对性记载事项

↓

这样，从 1 个问题中可以输入 4 个信息

Lesson8 用“二次涂层、三次涂层熟记法”进行即时重复

即时重复即便是在课外也可以进行

为了增加重复的次数，我向大家推荐过即时重复的方法。

关于即时重复有一个非常简单的方法，那就是“二次涂层熟记法”。

请你想象一下解答问题的情景。一般情况是解答出问题后，即会移向下一个问题。

在移向下一个问题之前，要将刚才的答案在大脑中进行回味，再进行下一个。这样，就可以二次接触信息。

在这种“二次涂层熟记法”中，还有一个应用版本，那就是“三次”当场重复。

应用篇——“三次涂层熟记法”

比如，你正在学习 A 单元，A 单元中有个问题。

如果是“二次涂层熟记法”，则是解答出问题 1，在做问题 2 之前，要对问题 1 进行再次确认。

如果是“三次涂层熟记法”，则是这样的：从问题 1 开始，一直到问题 5，将所有的问题都先用“二次涂层熟记法”进行重复，重复完毕后，并不马上移向下面的 B 单元，而是返回问题 1，再从问题 1 开始到问题 5，在大脑中将其答案进行回味。

只要像这样进行学习，可以很快复习三次。

另外，由于“二次涂层熟记法”与“三次涂层熟记法”都以增加接触信息的次数为目的，不需要花费很多时间就可以进行，这也是它们的独到之处。

二次涂层熟记法

① 解答问题 1

↓

② 看问题的解答

↓

③ 再次看问题 1，在大脑中想出问题 1 的答案

↓

④ 移向问题 2

三次涂层熟记法

① 问题 1 至问题 5
进行“二次涂层熟记法”

② 在移向 B 单元之前，再次
将 A 单元的问题 1 至问题 5 全部在
大脑中进行解答、解释

③ 移向 B 单元

Lesson9　将抽象的信息转化为具体信息进行记忆

抽象的信息不易记忆

难以记忆的、抽象的信息正是信息中的典型。这样的信息，该怎样记才好呢?

比如，在《公司法》中，有“监事不能成为董事”这样的条文。在记忆这条信息时，不可照原样记忆“监事……”而要将它改成具体的信息来记忆。说一声“比如”，转化成身边的信息。这就是“For example 记忆法”。

比如，你公司里有一位叫池田的董事，还有一位叫矢泽的监事。想象在这一场景中的两个人，“矢泽先生不能成为池田先生”，这样来记忆。

在记忆时，大脑中进行真实的想象是非常重要的。浮现出真实的池田先生与矢泽先生的样子，想象“无法成为池田先生那样的人，而深感遗憾的矢泽先生”。

此外，在想象的时候，要让你脑海中的那个场景像照片那样定格在某一瞬间，这样印象才会更深刻。

只要像这样记下来，在紧急关头也会很容易地想起来。正如我们之前说过的那样，影像比文字更容易记忆，也更容易想起来。而且，正因为是身边的影像，才可能在瞬间想出来。

将抽象的信息转变为容易记忆的具体形态来记忆吧。

具体化记忆

双方互负义务的当事者一方，直至对方履行其债务为止，可以拒绝履行自己的债务（《日本民法》第533条，同时履行的答辩权）。

比如 卖给加藤先生的物品，在加藤先生付款之前，不需要将该物品交给他。

关于买卖合同的费用，由当事者双方均摊（日本《民法》第 558 条）。

比如 合同的印花费用与对方对半分摊。

消费借贷，当事者一方约定以相同种类、质量以及数量的物品返还，当从对方那里收到金钱或其他物品时，即产生效力（日本《民法》第 587 条）。

比如 借钱给村田先生时，把钱全部交给他时，即发生效力。

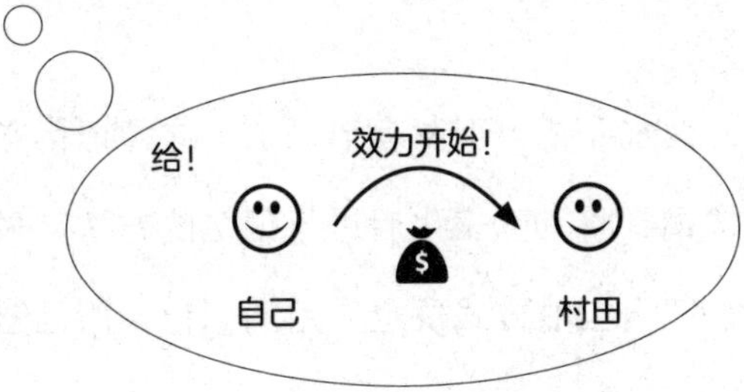

Lesson10 用图表记忆法将长篇文章凝缩为紧凑型文章

想将整页全部照原样背下来……

当你为考试做准备，或者需要在公众场合讲话时，自然需要把书中整页内容照原样全部背下来。

在这种情况下，该怎样记忆才好呢？信息量相当庞大，真让人头疼。

在这里，我为大家介绍一下图表记忆法。这种记忆方法是选取文章中的关键词，将其图表化后进行记忆的方法。采用这种记忆法，可以按照自己的方式决定所用的标记，而且图表比文字更容易给人留下印象。

图表化后，去记忆其形状及各个部分

图表记忆法要先记忆图表的形状。

在下一页的示例中，某个主张与另一个主张是相互对立的，两者各自分别有两个理由，要这样来记忆。

然后，要分别选取各个部分的首字来记忆。如“反逆景”。

回想的时候也要用这个步骤。在考试中，如果是按照自己背下来的书页原样出题，首先要从图表的形状开始想。建议你在试题纸的空白处把图表画出来。其次，在图表的各个部分上，填入自己已经记住的首字。

根据想到的首字，慢慢地把全部内容都想出来。

图表记忆法

① 想要记忆的文章

一方面，有人提出不应该增加消费税。为什么呢？因为消费税具有广泛征税的性质，收入越低的人群，越会受到消费税增加的影响。这容易引发“逆进性”的问题。此外，不要忘记消费税的增加，会导致家庭消费递减、经济减速这些问题。

另一方面，也有应该增加消费税的意见。由于人口的老龄化，作为国家需要确保庞大的社会保障费的财源，而出台减轻税率政策，则是为了解决“逆进性”与景气不佳的问题。

② 图表化

反对	赞成
∵ ·逆进性的问题	∵ ·社会保障费的财源
·景气不佳	·减轻税率政策

要点

- “∵”的标记代表理由。“·”代表列举。像这样去考虑适合于自己的标记。
- 在制作图表时，要选取长篇文章中的关键词语，使用上述的标记，归纳为图表。
- 在回想时，要从图表的形状与首字（反逆景、赞社减）开始想起。首先回想到图表的形状，落实到首字后，再去回想详细内容。

专栏五：学得越多，越会学得顺利

本书已经介绍了许许多多的记忆技巧。如果其中有适合你的记忆法，请立刻去尝试一下。

可是，我也并非从一开始就知晓这样多的记忆法。而是在不断地尝试、摸索中，构建起适合自己的记忆技巧，并将之体系化。

我想告诉大家的是，一开始即便不会学习（记忆），只要自己多多付出时间，在不断努力学习的过程中就会做到。是的，努力学习并掌握技巧，再将该技巧用于平时的学习中，比拥有一个聪明的大脑更重要。

本书介绍的就是希望你可以掌握的记忆技巧。这本书中我将自己多年以来构建的记忆法进行了总结归纳。只要有了这本书，你就会明白怎样记忆最有效、最高效。

为了掌握记忆法，还需要实践。要将本书中的记忆技巧，运用到每天的学习中去。

利用记忆法学习，一开始时你一定会感觉到似乎更费力了。但是，当你习惯之后，会发现其实不然。之前你无法记住的信息会顺利地进入大脑，并且难以忘记。

会学习并不是天生的才能，而是后天努力形成的。

而且，越学越能懂得学习的诀窍，你会成为一个擅长学习的人。

第6章

选取重要信息，进行高效记忆的技巧

Lesson1 要思考为了达成目标所需的“记忆程度”

学习中资源的合理分配

必须记忆的信息量越大，学习难度会越大，这是再正常不过的事了。明明有大量想要背诵的东西，时间却有限，而且人的大脑又健忘，对此，人们经常一点儿办法都没有。

因为情况就是这样的，所以在学习中，时间的合理分配就是极其重要的。需要加大力度记忆的地方和无须费那么大力气的地方，要明确地加以区分，将时间这一有限的资源高效率地进行分配。这样学习起来，才可以在没有很多时间的情况下，提高记忆效率。

为了有效利用有限的时间，合理分配须从将应当记忆的信息分为两个部分开始。

即便是记忆，应该记忆到什么程度为好呢

信息可以分为两种：应当牢固记住的信息、适当记住就可以的信息。

这里的“适当”并非应付了事的意思，而是如果是考试，只要记忆到在考场上可以解出正确答案即可的意思。

将信息分为两类的理由是因为考题可以分为只要不认真记忆就无法得到正确答案的题目，与即便知识稍微含糊一点也可以导出正确答案的题目。当然，在前者的学习上应该投入更多的时间。相反，关于后者则不要花费那么多的时间，记忆到可以得分的程度即可，节约出一些时间，把这些时间用到需要牢固记忆的信息上。

确认需要熟记的程度

教科书中的内容

西汉的第一代皇帝是刘邦，也叫汉高祖。
刘邦采用了郡县制。郡县制是指将土地分为皇帝的直辖地与其他地区，直辖地由中央派遣官僚，执行皇帝的命令，直辖地以外的则作为半独立地区，交由各地的王统治的体系。结束了秦朝那样的高度中央集权制。

如果是答题卡式

明白词语是什么意思，加上对错判断即可。比如，刘邦做过什么，只要明白郡县制是个什么样的体系，即可得出正确答案。也就是说，要求记忆的程度较低。

如果是填空题式

不仅要明白词语是什么意思，而且必须会写。也就是说，要求记忆的程度是中等。

如果是描述（论述）题式

不仅要明白词语是什么意思，当然要会写（如果是英语要拼写），而且必须记忆到能说明背景的程度。
刘邦采用郡县制的背景，以及郡县制是指什么样的机制也要熟记。也就是说，一定要熟记。

输出即为标准

需要牢固记忆的信息、适当记忆的信息，这两种信息的划分要根据输出方式来进行。

以考试题目为例。假设试题的形式有答题卡式（判断对错式）与填空题式两种。当记忆相同的信息时，你会发现前者即使是适当记忆，也可以应对。

比如，学习中国史时，想要记忆“建立西晋的是司马懿”这一信息。如果只需要判断对错，记住这一信息就行了。但是，如果要填空，则必须会写汉字。

也就是说，输出方式不同，要求记忆的程度也不同。

根据情况改变分类

需要牢固记忆的信息与适当记忆即可的信息，可以根据你的目标进行调整。

某一信息对你而言是应当牢固记忆的，但是，对别人来讲，也许适当地记忆即可——像这样的事情，并不稀奇。

首先，要确认自己的目标。

如果你所进行的学习是为了考试，那么你是参加侧重于论文的考试（也就是侧重于“写”的考试）呢？还是参加侧重于答题卡式的考试呢？情况不同，“应当记忆到什么程度才好”也随之变化。

此外，根据记忆信息的特征，分类也会改变。比如，记忆历史人物的名字。正如前面所述的“司马懿”等那样，东方史中的人物名字，如果要求写，则应当无数次地写而记忆。而如果是西方史中的人物名字，即便要求写，写上片假名即可，不需要如前者那样记忆。因为只要记住发音，就可以那样写出来了。

从平时起养成思考的好习惯

应该不应该牢固去记忆，从平时起就要边思考边学习。根据目标及考试的特征，"这个要牢固记住，这个要适当记忆……"在一个一个进行考虑中，渐渐地就可以做到瞬间做出判断了。

我想再重复一次，请在学习时考虑将用来记忆的时间高效率地进行分配。

绝对不可做的是，对于所有的信息，用同样的力气去学习。心中有数的人，要重新审视一下自己的学习方法。

与目标相符的学习方法

确认学习目标

示例 在英语的学习中

● 想在 TOEIC 考试中提高分数

→需要为了增加词汇量而学习。总之记住单词、惯用句的意思非常重要！

● 想通过公司内的晋升考试（描述式）

→单词要会写。训练英语写作能力非常重要！

● 读懂业界的研究性的英语报纸

→不需要细致地去记忆单词的拼写。只要掌握住微妙的差异即 OK！

确认出题形式

如果是答题卡式 → 把阅读作为学习的中心。
在阅读教科书时，尽可能不要在特定的一个地方花费时间，谨记要增加阅读量。

如果是填空题式 → 不仅要阅读，而且在学习中要采取书写的方式。
不要浏览似的快速翻页，一旦出现固有名词等应当记忆的地方，要采取用写来记忆的方法。

如果是描述（论述）式 → 有意识地侧重于阅读、书写、构思成为一篇文章，进行学习。
在考试中，因为会要求说明，不仅是固有名词之类的单词，而且要实际去写说明文，需要确认是否可以成为一篇具有说服力的文章。

要进行与目标相符的高效率的学习！

Lesson2 牢固记忆的方法、适当记忆的方法

所要求的程度不同，记忆方法也各不相同

需要牢固记忆的信息与需要适当记忆的信息，所用的记忆方法不同。

牢固记忆的信息需要的是费时费力的记忆方法；适当记忆即可的信息，则很简单，用不太费时间的记忆方法即可完成，可以说是最为理想的。

如果你在学习中什么也不考虑，无论对哪一类信息都用相同的方式去记忆，那么你会感觉学起来很吃力。

在这里，我要将只需适当记忆的学习方法，与为了牢固记忆的学习方法进行说明，供大家参考。

适当记忆，省力的学习方法

只要是进行适当学习即可的信息，则不需要写下来进行记忆。

请将阅读作为最基本的学习方法。如果只阅读教科书就完事了，或者只看习题集的解说，那么，短时间内即可结束。对于可适当记忆的信息，不可投入过多的精力。

只看无法记住时，请将重要的单词读出来。通过动嘴，将信息从耳朵输入大脑进行记忆（另外，发出声音来记忆的方法，即便对需要牢固记忆的信息，也是一种行之有效的记忆技巧）。

此外，如果本身属于只需适当记忆的科目，则选择饭后等难以集中精力的时间段进行学习即可。

与记忆程度相符的记忆法

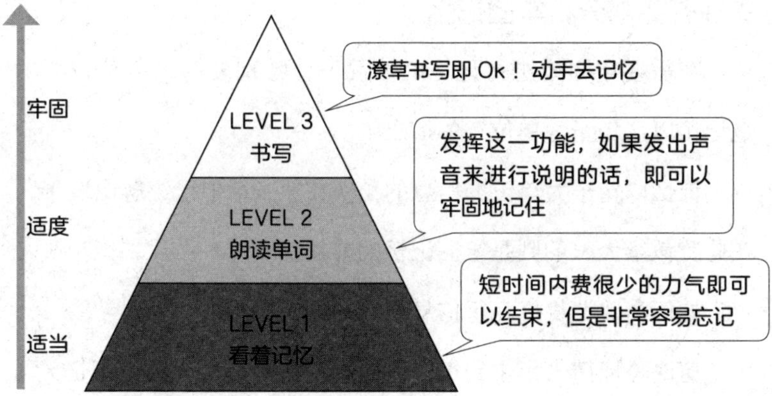

为了牢固地记忆而不惜花费功夫

为了牢固记忆，依然希望大家要动手，也就是书写。边写边记忆的有效性，自然是无人可以否定的。不过，如果写得非常漂亮，会很费时间，所以建议采用潦草书写的方法。

此外，不要只将重要的单词读出来，还要朗读对它的说明，也就是不仅要念诵“太合检地、太合检地……”，还要将“太合检地是指……”也读出来。可以加深理解，易于巩固知识。

在易于集中精力的时间段学习也是非常重要的。学习进行30分钟后容易集中精力，从该时间开始学习需牢固记忆的信息。

关注开头部分，牢固记忆

在需要牢固地进行记忆的情况下，特别要为之苦苦奋斗的是记忆以“句子为单位”的信息吧。

记忆以句子为单位的信息的秘诀在第2章中已经解说过了，在此我教给大家的则是牢固记忆的方法。

如何高效地将好几行信息原样记到大脑里？

秘诀是把精力集中到每一段的“开头部分”上进行记忆。

如果可以分开段落，即以短句子的开头部分为中心进行记忆。在下一页的示例中，记忆的是“在供应热水室，中田他们，西岛部长的……”

通过像这样记忆，以后回忆起来也很容易。只要想出来大脑中的单词，再往下回忆就不会困难了。即便你忘掉了本书作者的名字（碓井），只要记得第一个字是“碓”，多半连“碓井”也会想得出来了。

在今后的学习中，在阅读教科书时，一旦出现想记忆的信息，请一定要自然地进行断句，然后记忆部分的语言。

在尚未养成习惯的时候，一只手拿笔，如果教科书中出现了你想要记忆的句子，用斜线将句子分成不同的部分，将各个开头部分画上圈即可。

习以为常之后，看着句子在大脑中会自然加上一条斜线，只要特别注意开头部分，文章即会很容易回想起来。

关注开头部分去记忆

想记忆的文章

顺便走到供应热水室时，/看到中田他们正在悄悄地交谈，/在说西岛部长的坏话。/与老客户的生意谈判失败，/都是西岛部长的责任，/与在 场的其他人无关。/片冈董事也持同样的看法，/他们说。

↓

记忆开头的词语

供应热水室 / 中田 / 西岛部长 / 老客户 / 西岛部长 / 在场 / 片冈董事 / 他们

↓ 进一步应用

记住开头词语的第一个字

供 中 西 老 西 在 片 他

首字输入法的要领

Lesson3　问题是选取信息的工具

首先要知道输出的目的

学习的目的并非只是记住信息，而是要将记住的信息、学过的知识输出去。如果是考试，则是将记忆的信息化为答案而得分；如果是商务活动，则是根据记忆的信息，进行决策和行动。

所谓的学习的目的就是输出知识，把记忆的东西（也就是输入）输出去才有意义。

如果想这样做的话，你就会明白首先须确认要输出的知识，而采用与之相吻合的形式去记忆是合理的选择。首先看目的，然后再选择与该目的匹配的记忆对象。

在应试学习中，输出即意味着将学到的知识反映在答案中，在考题中问到的问题，就是要输出的知识。

在实际学习之前，应当养成将问题与解答同时看的习惯。当然了，在这个时候问题是没有解出来的。不，倒不如说，并不是要解题，而是要“看”。

在学习某一单元时，在阅读教科书之前，要将该单元的问题与其解答浏览一遍。

诀窍是要在解答中选取固有名词来读。然后，再阅读教科书，该固有名词出现后，则集中精力去记忆。

问题先行型的学习方法

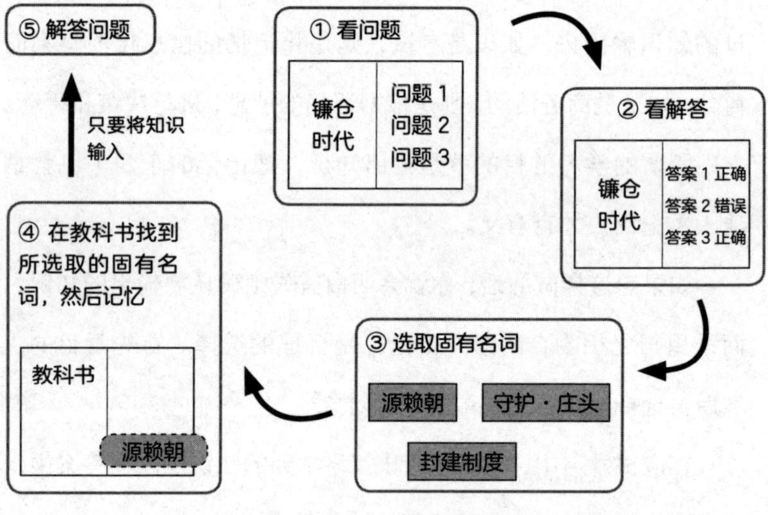

即便是没有学过该科目

“问题先行型的学习方法”不仅可用于学习同一科目的各个单元，在进行新科目的学习之前也希望你能够使用它。

在学习新科目时，不要先学教科书，而要从看习题集开始。看习题集是掌握“什么是以怎样的方式出题的”一种阅读方式。只要明白是关于人物名字的问题经常出现，还是关于条件的问题经常出现，还是说明的问题经常出现，即可。

明白了这样的事情，在各科目的学习中，只要人物名字以及必要条件出现了，就可以明白这是重要信息。如果说明类问题频繁出现，看到有关说明性的内容时，即可养成思考“如果进行说明的话”的习惯。久而久之，就可以做到看准输出输入了。

在历年考试真题中，需要看什么呢

说起习题来，不管怎么说，最优质的就是历年考试真题了，在正式考试中取得不错的成绩正是应试学习真正的目标，因此，可以说历年考试真题是最终的输出确认教材。

在看历年考试真题时，要将“什么、怎样”进行严格的确认。

首先，是“什么”。在其他的习题集中只是“人物名字出现了，必要条件出现了”之类，而在历年考试真题中，你会看到更加详细的内容。你会发现人物名字中，东方人的名字出现得比西方人的要多，自然只要东方人的名字一出现，你就会集中注意力去记忆。

即便是仔细去看在法律考试中经常问的必要条件，也可以明白出题时会偏重哪个领域的必要条件。

若是关于《民法》的考题，如果考察物权法的要件的题目比债权法的题目多，则必须对物权法的要件保持敏感度。

其次是“怎样”，即要考虑到出题的方式。

首先是作为中心的出题形式。是填空，是判断对错，还是描述呢？正如前面所讲的，如果以判断对错为中心，则不需要写，所以你会明白即便是难写的汉字出现了，也不需要练习。

如果是描述性的问题出现了，确认答题纸上要求写多少字也是非常重要的。

因为如果是只要求40字左右作答的说明题，则不需要用300字来进行说明。在这种情况下，如果准备了300字的说明题，即是没有看准输出的最有力的证明。

总而言之，请先确认需要输出的知识再将详细的知识输入。确认后再开始学习也不晚。

历年考试真题的查看要点

STEP1　查看用来出题的是什么内容

同时看答案，什么内容成为答案了呢？捕捉其倾向

历史	法律	英语
□人物名字	□必要条件	□单词
□年号	□效果	□惯用句
□事件・事件名称	□条文	□疑问句
□地点	□事例	□音标

STEP2　根据历年考试真题的出题形式，来考虑记忆方法

如果是填空——
人物名字的写法也要练习并记住

如果是描述——
把条约名称与内容一起记下来

如果是答题卡式——
以事件的名称与其出场人物为中心进行记忆

如果是判断对错式——
注意容易替换的年号，并记忆

Lesson4 习题集的使用方法

建议以习题为中心进行学习

在选取记忆对象时，充分利用习题的重要性理解了吧。

成为习题的信息，就是应当记忆的信息本身，只要以习题集为中心学习，自然而然地可以做到按照信息的重要程度进行有针对性地学习。

在这里，我会教给大家进一步利用习题集学习的学习方法。

这是用习题集代替教科书，将习题集作为输入的中心教材的学习方法。

为了彻底地充分利用习题，需要从寻找解决问题的方法开始想办法。

什么都不考虑，埋头做题的人，需要改变一下做题的方法。

替代教科书的习题集的选择方法

一般情况下，许多人应当是按照阅读教科书→阅读问题描述→（思考）→用答案确认正确与否→阅读解析的顺序进行学习的。因为人们深信问题是需要解答的。

然而，在本书中，我要告诉大家的却是“问题是用来阅读的”。因为先进行问题的确认，即可以捕捉到应该记忆的信息。

采取把习题集作为教科书，不思考解决问题而直接读取答案与讲解的方法，可以提高学习效率。

当你选择作为替代教科书的习题集时，请确认以下两点。

首先，是否是网罗性较强的习题集。将几本习题集进行比较，数一下针对一个单元有几个问题。问题数目多的则网罗性较强，从不同的切入口出题的可能性也较高，要选择这样的习题集。

其次，解答部分是怎样来讲解的，要进行确认。要选择即便是涉及的周边信息也非常详细地加以记载的习题集。只要解说详尽而容易理解，自己则不用花费时间去整理，便可以记忆。

顺便提一下，在浏览讲解部分时，读取时须做到自己给自己讲解能够理解为止。解说是连接问题描述与解答的桥梁。只要将解说部分牢牢地记下来，即便出题形式发生变化，也可以导出正确的答案来。

总之，在用习题集代替教科书时，要选择网罗性较强、解说十分详细的习题集。

在习题集中写入相关信息！

将习题集作为学习的教材时，令人担心的是信息的遗漏问题。作为学习中心的习题集中未记载的信息，该怎样记忆才好呢？

在这里，为大家推荐的是在习题中补足信息的方法。首先，与眼前的问题相关的信息，如果解说中没有讲到，须在解说部分（在其旁边或下面的空白处）中写入相关信息。

将模拟考试中接触到的未知的知识以及其他习题集中看到的信息标记在习题集中。

其次，如果有解说中说明不足的信息，在用词典进一步查看后，请同样在解说的空白部分做上笔记。

如果在解说描述中有词语的近义词与反义词、经常判断错误的知识等，也要写至空白处。

此外，如果从解说中的词语派生出其他问题，可以将自己出的题写到习题集中。

在记忆时，把相关信息总结到一个教材中，复习的效率最高。

此外，信息不要孤立地去记忆，应当与其他信息联系起来。

复习的时候，应该重点记忆的是原本的印刷字部分。自己写进去的信息，在某种意义上是添加的部分，可以之后再记忆。请你有张有弛地进行。

复习的时候，印刷字是每次都要看的信息，自己手写的部分则是每两次看一次的信息，分别对待，学习效率会更高。

在习题集中，将信息进行一元化处理

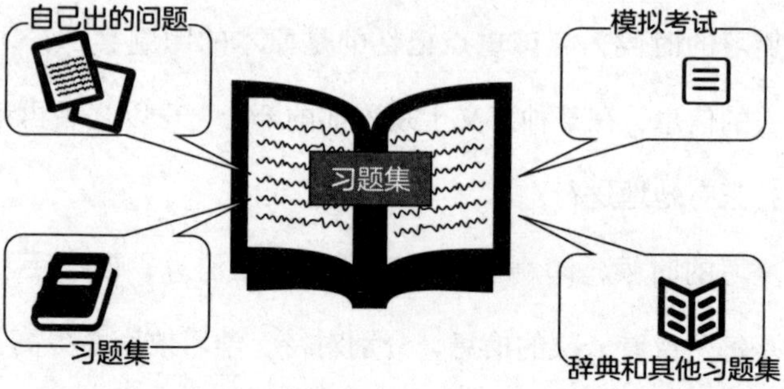

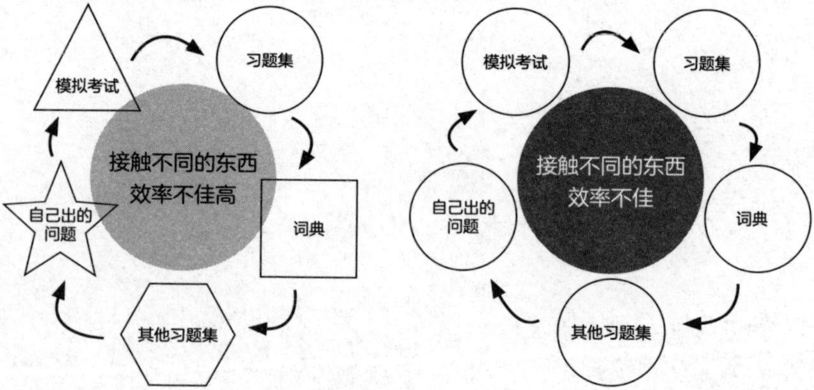

但是，要将重点放在原来的信息上

Lesson5　最重要的是打好基础

应该学习的内容有很多很多

无论是在以通过考试为目的的学习中，还是在商务活动中，必须记忆的东西有很多。将十分庞大的信息，记住了忘掉，再记住，再忘掉，这样反复进行，直到信息可以自如使用为止，这就是学习。

在考试前的宝贵时间内，该怎样输入信息才好呢？

在考试前应当学习的是基础知识。可以说，越没有时间，越应当集中学习基础知识，效率才是最高的。

基础、基础、基础，还是基础

一说起基础知识，有人即理解成为简单知识，其实，基础并不意味着简单。基础知识意味着重要部分，是指无论解答什么问题，都会直接或间接地要求掌握的知识。

只要这样理解“基础”的意思，在时间不多时，则会明白只要将基础知识彻底地复习一遍即可。

因为只要掌握了基础知识，无论任何问题都可以应对。

考试之前更应该注重基础知识。

难易程度与重要程度

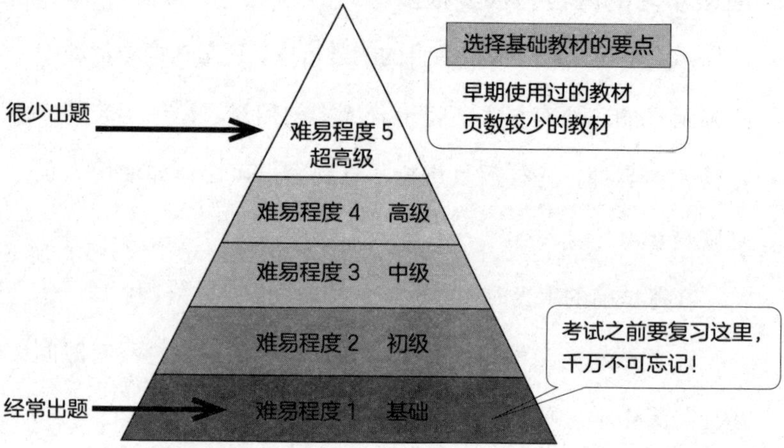

确认基础教材的方法

在考试之前，不可致力于比较难的教材的学习。既然是难，则大家都不会做，如果是大家都不会做的，那么即便是做不出来，对结果也不会造成很大的影响，所以可以说并不重要。

从某一方面也可以说“难 = 重要性低”。

我再重申一次，如果是考试之前的最后一次学习，应学习基础教材。

首先，在之前自己学习过的教材中，把一开始学习的教材拿出来学习。可以说你早期使用的教材大多都是基础教材。

其次，如果有厚教材与薄教材的话，则以较薄的教材为中心学习，效果更佳。因为往往薄教材中只记载严格筛选过的重要知识。

选取基础信息

除了可以学习基础教材之外，还有一种学习基础知识的方法。那就是事先选好平时没有时间学习到的知识。

首先是习题集。选择只要将这一问题解答出来，其他问题也都会迎刃而解的问题。这一方法尤其在应对数学等考试时最为有效。

当有两个以上的问题时，其中之一网罗了几乎所有重要的内容，那这种问题则为最理想的复习对象。

其次是教科书。只要明显是总结的重要内容以及读了这个部分的内容，就大致都能记起来的地方，就必须将这样的内容选取出来，为了考试之前有效复习，选取出来的信息要一目了然，可贴上标签。

事先在日常学习中选择好复习对象，即便没剩多少时间，也可以进行有意义的复习。只要有准备，可以说根本不必发愁。

尽管有絮烦之嫌，我还是要强调考试之前要进行基础知识的学习，而且平时就要为在有限的时间内可以高效率地进行基础知识的学习而努力。

查找基础信息的方法

要点

选择只要解出这个问题，则其他问题也可以解出来的问题

例 1

★ 问题 1　3+2=5

问题 2　13+12=25

问题 3　321+255=576

例 2

★ 问题 1　“建造泰姬陵的是沙・贾汗”正确还是错误

问题 2　“沙・贾汗建筑了＿＿＿”填空

问题 3　“泰姬陵是谁建造的”回答人物的名称

考试前要重复解答 ★ 那样的问题

Lesson6 订制一个适合自己的记忆法

对你最合适的记忆法是?

至此，本书介绍了各种各样的记忆技巧。我自认哪一种都是非常实用的记忆方法，均对学习有很大的帮助。

然而，本书中介绍的记忆法并不一定都是最合适你的。

学习的目标不同，要记忆的对象也不同。有的需要参加答题卡式考试，也有的需要应对写作考试，还有的需要在众人面前进行演示、演讲。

每个人的目标各有不同，你可以根据自己的目标选择不同的记忆法。并且，你一定希望订制一种对你来说最合适的记忆法。

订制记忆法的基本常识

在订制记忆法之前，首先将本书所记载的记忆法全部试一遍，以捕捉各种记忆法的特征。如果想熟记单词，记忆图表，则采用这种记忆法；如果要总结文章，使其进入大脑，则采用那种记忆法！全部实践一边后，你就会明白在何种情况下，采用何种记忆法较为合适。

而且，在订制记忆法时，首先要从对本书介绍的记忆法进行组合开始。通过将记忆法分别搭配使用，可以为创造出新记忆法打下牢固的基础，而且无须完全从零基础开始。

问题在于各种记忆法如何进行搭配？

记忆法的组合方法

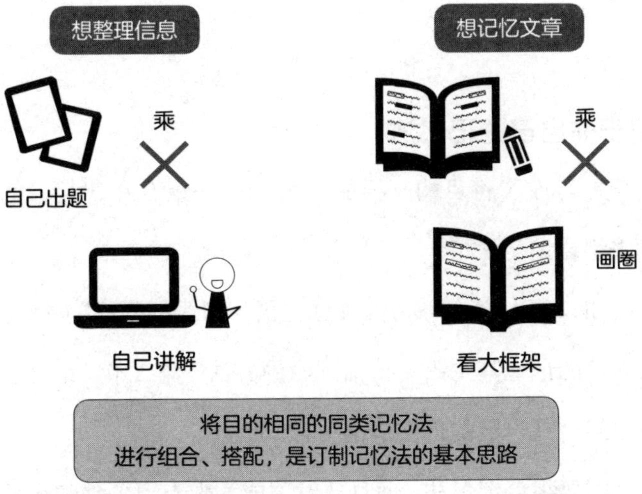

组合的秘诀

在组合记忆法时，建议大家首先将目的相同的同类记忆法进行组合。比如，设法将以记忆文章为目的的同类记忆法进行组合，将增加接触次数的同类记忆法进行组合。

本书除了第 1 章与第 5 章之外，由于是分别按照不同的主题介绍的记忆法，所以请在同一章中进行记忆法的组合吧。

比如，第 3 章介绍“信息的整理”方法，其中有自己出题 4 节与自己解说 7 节这两种记忆法。将它们进行组合，则成为“自己出题，思考该问题的答案与解说，然后，自己为自己讲解”的记忆法。

只属于你自己的记忆法

一旦习惯了将目的一样的同类记忆法组合在一起，就可以跨章去组合记忆法了。

比如，可以将第 2 章的“关注主语 + 谓语的方法”（第 3 节），与第 3 章的记忆其主语 + 谓语理由的方法（第 5 节）组合起来。把可以组合在一起的记忆法都组合一下。

不但要组合记忆法，而且要发展成为你自己的独创记忆法，才是真正的订制记忆法。

说起创造记忆法，人们总会感觉其门槛太高了。从零开始创造记忆法确实不那么容易，我们可以从现有记忆法上派生而创造记忆法。以本书介绍的记忆法为基础，配合你自己的学习目标，可以去创造记忆法。

比如，我曾给大家解说过文章中不需要的部分，可以用括号括起来（第 2 章第 4 节）的记忆法。因为比起具体事例及说明部分，更应该将精力集中在核心部分的学习上。

然而，如果在考试中介绍了具体事例，然后再问你这是与什么相关的事例，则不可将括号部分跳过去。而且，你要去阅读括号部分，要想出来那是关于什么的信息，这样的训练才会有效。

如果在考试中，出现过多的关于对比的问题，可以考虑把第 3 章第 6 节介绍的“经常比较”法加以深化发展。

订制记忆法，去掌握与你自己最适合的记忆法。

面向目标，订制记忆法

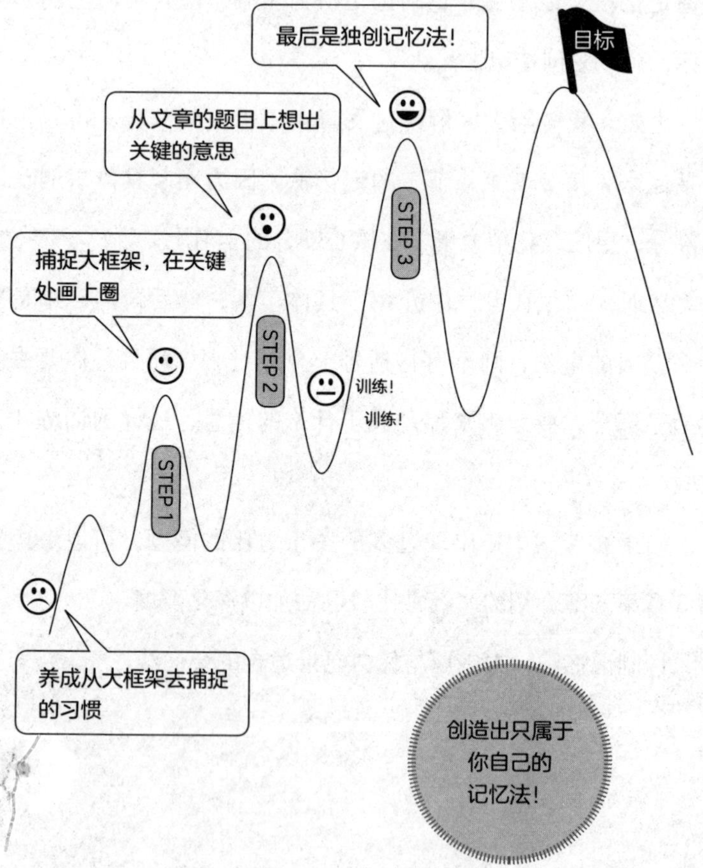
最后是独创记忆法！
目标
从文章的题目上想出关键的意思
STEP 3
捕捉大框架，在关键处画上圈
STEP 2
训练！
训练！
STEP 1
养成从大框架去捕捉的习惯
创造出只属于你自己的记忆法！